21世纪高等学校计算机
基础实用系列教材

Python程序设计基础

娄岩 刘帮涛 主编
罗敏 李瑾 黄志伟 副主编
黄婧 李仕琼 邓欢 曹高飞 王婧 杨佳艳 李敏军 张波 参编

清华大学出版社
北京

内 容 简 介

本书以实用为导向,从基础概念、语法结构、应用案例、开发技巧等方面深入浅出地介绍了Python的程序设计方法以及项目实现流程。

本书以实例方式进行讲解,每个实例都通过了程序验证。本书内容图文并茂、操作步骤完善并附有具体脚本代码,易于读者掌握和学习。

本书既可以作为全国普通高校各专业计算机公共基础课的教材,又可以作为全国计算机等级考试的辅导教材,还可以作为相关专业技术人员的参考用书。

本书封面贴有清华大学出版社防伪标签,无标签者不得销售。
版权所有,侵权必究。举报: 010-62782989, beiqinquan@tup.tsinghua.edu.cn。

图书在版编目(CIP)数据

Python程序设计基础/娄岩,刘帮涛主编.—北京:清华大学出版社,2022.9(2024.7重印)
21世纪高等学校计算机基础实用系列教材
ISBN 978-7-302-61781-5

Ⅰ.①P… Ⅱ.①娄… ②刘… Ⅲ.①软件工具-程序设计-高等学校-教材 Ⅳ.①TP311.561

中国版本图书馆CIP数据核字(2022)第157345号

责任编辑:贾 斌
封面设计:刘 键
责任校对:胡伟民
责任印制:宋 林

出版发行:清华大学出版社
网 址: https://www.tup.com.cn, https://www.wqxuetang.com
地 址: 北京清华大学学研大厦A座 邮 编: 100084
社 总 机: 010-83470000 邮 购: 010-62786544
投稿与读者服务: 010-62776969, c-service@tup.tsinghua.edu.cn
质量反馈: 010-62772015, zhiliang@tup.tsinghua.edu.cn
课件下载: https://www.tup.com.cn, 010-83470236

印 装 者:北京同文印刷有限责任公司
经 销:全国新华书店
开 本: 185mm×260mm 印 张: 14.5 字 数: 362千字
版 次: 2022年9月第1版 印 次: 2024年7月第5次印刷
印 数: 9501~12500
定 价: 49.00元

产品编号: 098357-01

前 言

近年来，Python 已经快速发展成为最热门的语言之一，在科研、政务、电子科学与技术、数据分析、Web 开发、金融、图像处理、人工智能等方面都已得到了广泛的应用，这也大大促进了 Python 的发展。为适应新时代信息技术的发展，教育部考试中心决定自 2018 年 3 月起，在全国计算机等级考试（二级）中加入"Python 语言程序设计"科目。目前，已经有越来越多的人投入到 Python 的应用研究中。

为此，我们精心策划和编写了《Python 程序设计基础》这本面向实践、注重应用的教材，目的是使读者既能够结合实例学习 Python 程序设计的方法，提高运用 Python 3.0 编程并解决实际问题的能力，又能够通过学习，为参加全国计算机等级考试做好准备。

本书以实例方式进行讲解，每个实例都通过了程序验证，操作步骤完善并附有具体的脚本代码。本书图文并茂，知识难易程度循序渐进，具有很强的可读性和可操作性。读者在学习过程中可以按图索骥，在较短时间内掌握 Python 的开发技术。本书兼顾了不同专业、不同层次读者的需求，以提高读者自主学习和实际应用能力为目标，强化了对实践能力的培养，为 Python 初学者提供全面、翔实的参考资料，使其能够较容易地掌握 Python 程序设计的方法、项目开发流程和步骤。

本书的主编为娄岩、刘帮涛，副主编为罗敏、李瑾、黄志伟。全书共有 13 章：第 1 章 Python 概述由娄岩编写；第 2 章基础语法由刘帮涛编写；第 3 章程序的控制结构由李仕琼编写；第 4 章函数、模块与文件由杨佳艳编写；第 5 章面向对象程序设计由邓欢编写；第 6 章图形界面设计由罗敏编写；第 7 章数据库应用由王婧编写；第 8 章网络与多线程由李敏军编写；第 9 章 Python 网络爬虫由黄婧编写；第 10 章图像操作与处理由曹高飞编写；第 11 章科学计算与数据可视化由黄志伟编写；第 12 章机器学习由李瑾编写；第 13 章 Python 与 XML 由张波编写。

感谢所有参与编写的同事们及帮助和指导过我们工作的朋友们！由于编者水平有限，书中难免存在疏漏之处，恳请广大读者批评斧正。

娄 岩

2022 年 3 月

目 录

第 1 章　Python 概述 …………………………………………………………………… 1

1.1　Python 简介 ………………………………………………………………………… 1
  1.1.1　Python 概念 ………………………………………………………………… 1
  1.1.2　Python 发展历史 …………………………………………………………… 1
  1.1.3　Python 3.0 …………………………………………………………………… 2
  1.1.4　Python 特点 ………………………………………………………………… 2
  1.1.5　Python 应用领域 …………………………………………………………… 2
1.2　Python 的安装 ……………………………………………………………………… 3
1.3　第一个 Python 程序 ………………………………………………………………… 6
1.4　搭建 Python 集成开发环境 ………………………………………………………… 6
1.5　Python 的输入/输出 ………………………………………………………………… 13
  1.5.1　Python 的输入 ……………………………………………………………… 13
  1.5.2　Python 的输出 ……………………………………………………………… 14
本章小结 …………………………………………………………………………………… 15

第 2 章　基础语法 ………………………………………………………………………… 16

2.1　Python 标准数据类型 ……………………………………………………………… 16
  2.1.1　Python 变量的赋值和标准的数据类型 …………………………………… 16
  2.1.2　数字 ………………………………………………………………………… 17
  2.1.3　字符串 ……………………………………………………………………… 17
  2.1.4　列表 ………………………………………………………………………… 19
  2.1.5　元组 ………………………………………………………………………… 21
  2.1.6　字典 ………………………………………………………………………… 22
  2.1.7　集合 ………………………………………………………………………… 23
2.2　Python 基本运算符 ………………………………………………………………… 24
  2.2.1　算术运算符 ………………………………………………………………… 24
  2.2.2　字符串运算符 ……………………………………………………………… 24
  2.2.3　比较运算符 ………………………………………………………………… 25
  2.2.4　赋值运算符 ………………………………………………………………… 25
  2.2.5　逻辑运算符 ………………………………………………………………… 26

2.2.6　成员运算符 ·· 26
　　2.2.7　常用运算符的优先级 ·· 27
本章小结 ·· 27

第 3 章　程序的控制结构 ·· 28

3.1　顺序结构 ·· 28
3.2　分支结构 ·· 29
　　3.2.1　if 语句 ··· 29
　　3.2.2　if…else 语句 ··· 30
　　3.2.3　if…elif…else 语句(多分支结构) ·· 31
　　3.2.4　pass 语句 ·· 33
　　3.2.5　try…except 语句 ·· 33
3.3　循环结构 ·· 34
　　3.3.1　while 语句 ·· 34
　　3.3.2　for 语句 ·· 35
　　3.3.3　循环嵌套结构 ·· 36
　　3.3.4　break 和 continue 语句 ·· 37
本章小结 ·· 38

第 4 章　函数、模块与文件 ·· 39

4.1　函数 ·· 39
　　4.1.1　系统函数 ·· 39
　　4.1.2　函数的定义 ·· 47
　　4.1.3　函数的参数和返回值 ·· 48
　　4.1.4　变量的作用域 ·· 48
　　4.1.5　递归调用 ·· 49
4.2　模块 ·· 49
4.3　文件 ·· 50
　　4.3.1　文件的打开和关闭 ·· 50
　　4.3.2　文件的读操作 ·· 51
　　4.3.3　文件的写操作 ·· 52
　　4.3.4　文件的指针定位 ·· 54
本章小结 ·· 55

第 5 章　面向对象程序设计 ·· 56

5.1　面向对象程序设计基础 ·· 56
　　5.1.1　面向对象程序设计的基本概念 ·· 56
　　5.1.2　面向对象程序设计的 3 个基本特性 ·································· 57
5.2　定义和访问类与对象 ·· 58

5.2.1 定义类和对象	58
5.2.2 利用构造函数定义类	59
5.2.3 定义和访问实例属性与类属性	60
5.3 类的继承与多态	61
5.3.1 类的继承	61
5.3.2 类的多继承	62
5.3.3 类的多态	62
本章小结	63

第 6 章 图形界面设计 — 64

6.1 Python 图形开发库	64
6.1.1 开发平台	64
6.1.2 创建 Windows 窗口	65
6.2 Tkinter 常用组件	66
6.2.1 Tkinter 组件	66
6.2.2 标签	68
6.2.3 按钮	70
6.2.4 文本框	71
6.2.5 列表框	72
6.2.6 单选按钮和复选框	74
6.2.7 消息窗口	76
6.2.8 对话框	77
6.2.9 菜单	79
6.3 窗口内图形绘制	80
6.3.1 Canvas 画布组件	80
6.3.2 绘制图形对象	81
6.4 Python 事件处理	83
6.4.1 事件类型	83
6.4.2 事件处理函数	84
6.4.3 事件绑定	85
本章小结	86

第 7 章 数据库应用 — 87

7.1 结构化查询语言	87
7.1.1 SQL 基本语句	87
7.1.2 SQL 查询语句	88
7.2 SQLite3 数据库基础	90
7.3 Python 的 SQLite3 数据库编程	91
7.3.1 访问数据库的步骤	91

7.3.2 数据库应用实例 ································· 93
7.4 Python 访问主流数据库与存储文本数据 ································· 99
　　7.4.1 Python 访问主流数据库 ································· 99
　　7.4.2 Python 存储文本数据 ································· 101
本章小结 ································· 102

第 8 章　网络与多线程 ································· 103

8.1 网络编程理论基础 ································· 103
　　8.1.1 软件体系结构 ································· 103
　　8.1.2 IP ································· 104
　　8.1.3 端口 ································· 105
　　8.1.4 HTTP 协议 ································· 105
　　8.1.5 TCP 和 UDP 协议 ································· 106
　　8.1.6 socket 套接字 ································· 106
8.2 TCP 编程实现 ································· 110
　　8.2.1 利用 TCP 客户端获取网页内容 ································· 110
　　8.2.2 TCP 服务器端编程 ································· 112
8.3 UDP 编程实现 ································· 114
　　8.3.1 UDP 单客户端编程 ································· 114
　　8.3.2 UDP 多客户端编程 ································· 116
8.4 多线程编程 ································· 117
　　8.4.1 进程和线程原理 ································· 117
　　8.4.2 创建线程的两种方法 ································· 118
　　8.4.3 线程同步机制 ································· 122
8.5 网络与多线程编程综合实例应用 ································· 124
本章小结 ································· 126

第 9 章　Python 网络爬虫 ································· 127

9.1 网络爬虫原理 ································· 127
9.2 requests 爬取库 ································· 131
　　9.2.1 requests 爬取库的安装 ································· 131
　　9.2.2 requests 爬取库的使用方法 ································· 131
　　9.2.3 访问异常处理 ································· 135
　　9.2.4 requests 爬取库的应用 ································· 136
9.3 BeautifulSoup 解析库 ································· 140
　　9.3.1 BeautifulSoup 解析库的安装 ································· 140
　　9.3.2 BeautifulSoup 解析库的使用方法 ································· 140
　　9.3.3 BeautifulSoup 解析库的应用 ································· 146
9.4 反爬虫技术 ································· 156

  9.4.1 网站反爬虫策略 ··· 156

  9.4.2 常用反爬虫方案 ··· 156

本章小结 ··· 158

第 10 章 图像操作与处理 ·· 159

10.1 Pillow 的安装 ·· 159

10.2 PIL 的基本概念 ·· 160

10.3 PIL 的常用模块 ·· 162

  10.3.1 Image 模块 ··· 162

  10.3.2 ImageChops 模块 ··· 163

  10.3.3 ImageDraw 模块 ··· 165

  10.3.4 ImageEnhance 模块 ·· 168

  10.3.5 ImageFilter 模块 ··· 170

  10.3.6 ImageFont 模块 ·· 171

10.4 PIL 对图像的基本操作 ·· 172

  10.4.1 图像格式的转换 ·· 172

  10.4.2 缩略图的创建 ·· 174

  10.4.3 图像的复制和粘贴 ·· 174

  10.4.4 几何变换 ·· 175

10.5 PIL 对图像的综合实例 ·· 176

本章小结 ··· 178

第 11 章 科学计算与数据可视化 ·· 179

11.1 科学计算 ·· 179

  11.1.1 NumPy 数组 ·· 179

  11.1.2 NumPy 数组的算术运算操作 ·· 181

  11.1.3 NumPy 数组的形状操作 ·· 182

  11.1.4 NumPy 的图像数组操作 ·· 183

11.2 数据可视化 ·· 186

  11.2.1 使用 pyplot 模块的绘图方法 ·· 186

  11.2.2 使用 pyplot 模块绘制直方图、条形图、散点图、饼状图等 ········· 192

本章小结 ··· 198

第 12 章 机器学习 ·· 199

12.1 机器学习概念与操作流程 ·· 199

  12.1.1 概念与定义 ·· 199

  12.1.2 操作流程 ·· 200

  12.1.3 机器学习库 sklearn 的安装 ··· 202

12.2 算法与应用 ·· 203

12.2.1 线性回归 ……………………………………………………………… 203
12.2.2 逻辑回归算法 …………………………………………………………… 204
12.2.3 K-means 聚类 …………………………………………………………… 205
12.2.4 KNN 算法 ………………………………………………………………… 206
12.2.5 SVM 算法 ………………………………………………………………… 208
本章小结 ……………………………………………………………………………… 210

第 13 章 Python 与 XML ……………………………………………………………… 211

13.1 XML 概述 ……………………………………………………………………… 211
13.2 Python 使用 SAX 解析 XML ………………………………………………… 212
    13.2.1 SAX 简介 ………………………………………………………………… 212
    13.2.2 使用 SAX 解析 XML 文件的方法 …………………………………… 212
    13.2.3 使用 SAX 读取 XML 文件的实例 …………………………………… 213
13.3 Python 使用 DOM 解析 XML ………………………………………………… 214
    13.3.1 DOM 简介 ………………………………………………………………… 214
    13.3.2 使用 DOM 读取 XML 文件 …………………………………………… 214
    13.3.3 使用 DOM 添加结点 …………………………………………………… 216
    13.3.4 使用 DOM 修改、删除结点 …………………………………………… 217
本章小结 ……………………………………………………………………………… 218

参考文献 ……………………………………………………………………………… 219

第 1 章　Python 概述

导学

Python 是一种跨平台、开源的解释型高级语言。作为动态编程语言,Python 更适合初学者。通过引用外部库,Python 可快速、准确地实现多种实用功能,尤其是它在人工智能和大数据方面的应用,更优于目前市面上流行的其他高级程序语言。Python 模块化的设计理念,使得其具有更好的开放性和扩展性。通过学习 Python,不仅能够帮助初学者掌握程序设计方法,提高逻辑思维能力,还可使他们快速、方便地开发出具有实用功能的应用案例。

了解:Python 的发展历史和主要应用领域。

掌握:Python 的相关概念以及特点,Python 集成开发环境的搭建、工作方式及安装方法,Python 输入和输出的主要方法。

Python 作为一种高扩展性的语言,有功能丰富的标准库,应用领域十分广泛,从网站、爬虫到机器人控制,几乎可以在任何场合应用,是目前最主流的程序设计语言。

1.1　Python 简介

1.1.1　Python 概念

Python 是一种高层次的,结合了解释性、编译性、互动性和面向对象的程序设计语言。Python 设计具有很强的可读性,具有比其他语言更有特色的语法结构。

(1) Python 是一种解释型语言:开发过程中没有编译这个环节,类似于 PHP 或者 Perl 语言。

(2) Python 是交互式语言:可以在命令提示符中,直接互动执行程序。

(3) Python 是面向对象语言:Python 支持面向对象或代码封装在对象中的编程技术。

(4) Python 是被广泛应用的语言:Python 支持广泛的应用程序开发,从简单的文字处理到浏览器开发,再到网络爬虫、机器学习等。

1.1.2　Python 发展历史

Python 是 Guido van Rossum 在 1989 年圣诞节期间开发的一门语言,这个名字来自他最钟爱的电视剧 *Monty Python's Flying Circus*。Python 在荷兰国家数学和计算机科学研究中心设计而成。其是由诸多其他语言发展而来的,这包括 C、C++、UNIX Shell 和其他的脚本语言等。

自 2004 年以来,Python 的使用率呈线性增长。2011 年 1 月,Python 入选 TIOBE 编程语言排行榜,被评为"2010 年度语言"。

1.1.3　Python 3.0

　　Python 的 3.0 版本,常被称为 Python 3000,或简称为 Py3K。相对于 Python 的早期版本,这是一次较大的升级。Python 3.0 在设计的时候没有考虑向下兼容,即许多针对早期 Python 版本设计的程式都无法在 Python 3.0 上正常执行。为了照顾现有程序,Python 2.6 作为一个过渡版本,基本使用了 Python 2.x 的语法和库,同时考虑了向 Python 3.0 的迁移,允许使用部分 Python 3.0 的语法与函数。新的 Python 程式建议使用 Python 3.0 版本的语法。大多数第三方库都正在努力地兼容 Python 3.0 版本,即使无法立即使用 Python 3.0,也建议编写兼容 Python 3.0 版本的程序。本书中所有 Python 代码均采用 Python 3.0 编写。

1.1.4　Python 特点

1. Python 优点

Python 作为目前应用广泛的程序设计语言,具有如下优点:

　　(1) 易于学习:Python 有相对较少的关键字,结构简单,有明确定义的语法,学习起来更加简单。

　　(2) 易于阅读:Python 代码定义得更清晰。

　　(3) 易于维护:Python 的成功在于它的源代码相当容易维护。

　　(4) 广泛的标准库:Python 的最大优势之一是具有丰富的、跨平台的库,在 UNIX、Windows 和 Macintosh 上的兼容性很好。

　　(5) 互动模式:互动模式支持终端输入执行代码,互动的测试和调试代码片段。

　　(6) 可移植性:基于其开发源代码的特性,Python 已经被移植到许多平台。

　　(7) 可扩展性:Python 程序中可调用 C 或者 C++ 程序。

　　(8) 数据库支持:Python 提供所有主要的商业数据库的接口,如 MySQL、MongoDB 等。

　　(9) 可嵌入性:可以将 Python 嵌入 C 或者 C++ 程序,让程序获得"脚本化"的能力。

2. Python 缺点

虽然 Python 具有诸多优点,但同样存在如下缺点:

　　(1) 运行速度慢:跟 C 程序相比,运行速度非常慢,因为 Python 是解释型语言,代码在执行时会逐行翻译成 CPU 能理解的机器码,这个翻译过程非常耗时,所以很慢,而 C 程序是运行前直接编译成 CPU 能执行的机器码,所以非常快。

　　(2) 代码不能加密:如果要发布 Python 程序,实际上就是发布源代码,这一点跟 C 语言不同,C 语言不用发布源代码,只需把编译后的机器码发布出去,而要从机器码反推出 C 代码是不可能的,所以,编译型语言都没有这个问题,而解释型语言则必须把源代码发布出去。

1.1.5　Python 应用领域

　　Python 作为一种功能强大且通用的编程语言广受好评,它具有非常清晰的语法特点,适用于多种操作系统,目前在国际上非常流行,应用越来越广泛。Python 具有优秀的扩展性,在如网络爬虫、人工智能、科学计算、Web 开发、大数据、云计算、金融、图形界面、企业和网站运维等领域都具有良好的应用。

1.2　Python 的安装

Python 具有良好的兼容性，可安装在 UNIX、Windows 和 Macintosh 等主流平台上。本节以 Windows 平台为例，详细介绍 Python 的安装过程。

首先进入 Python 官网下载页面"https://www.python.org/downloads/"，如图 1-1 所示。

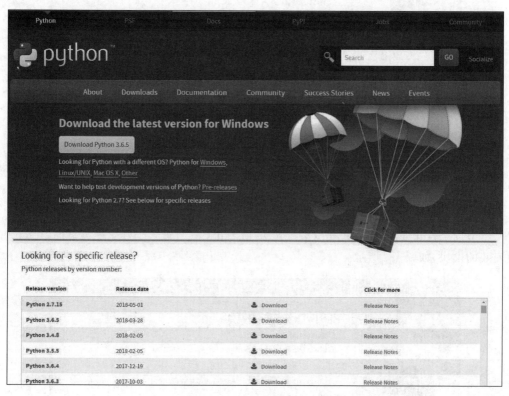

图 1-1　Python 官网下载页面

单击"Download Python 3.6.5"进入下载页面，网站会根据操作系统下载合适的版本，如图 1-2 所示。

图 1-2　下载 Python 安装包

双击安装包进行安装,在开始安装界面勾选"Add Python 3.6 to PATH",将 Python 添加到环境变量,如图 1-3 所示。

图 1-3　将 Python 添加到环境变量

可选择"Install Now"进行默认安装,也可选择"Customize installation"进行个性化安装。本节以个性化安装为例,单击"Customize installation",进入个性化安装页面,可勾选需要安装的模块,如图 1-4 所示。

图 1-4　个性化安装界面

单击"Next"按钮继续安装,进入"Advance Options"界面,可选择安装目录等,如图 1-5 所示。

单击"Install"按钮进行安装,如图 1-6 所示。

安装完成后会弹出安装成功界面,如图 1-7 所示。

图1-5 "Advanced Options"界面

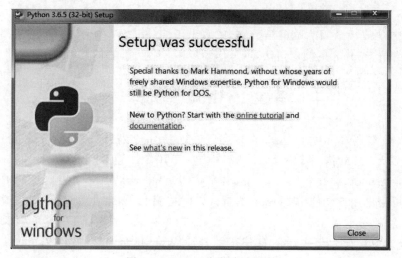

图1-6 Python安装界面

图1-7 Python安装成功界面

可在"cmd"窗口测试 Python 是否安装成功，在"cmd"窗口输入"python"命令，如果显示类似如下版本等信息则说明 Python 安装成功，如图 1-8 所示。

图 1-8　在"cmd"窗口测试 Python

1.3　第一个 Python 程序

对于大多数程序语言，第一个入门编程代码便是"Hello, World!"，以下代码为使用 Python 输出"Hello, World!"：

```
print("Hello, World!")
```

以上命令输出结果如下：

```
Hello, World!
```

这样便编写了一个 Python 程序，成功输出了"Hello, World!"文本，在接下来的章节中，会详细讲解 Python 的使用语法，本节作为示例，不对代码进行详细说明。

1.4　搭建 Python 集成开发环境

在成功安装 Python 后，可在"cmd"窗口运行 Python 程序。但在"cmd"窗口运行程序存在效率较低、易出错等缺点。一般在开发 Python 程序时，会选择集成开发环境（Integrated Development Environment，IDE）。PyCharm 是一种使用广泛的 Python 集成开发环境，可帮助用户在使用 Python 语言开发时提高其效率，比如调试、语法高亮、Project 管理、代码跳转、智能提示、自动完成、单元测试、版本控制。此外，该集成开发环境提供了一些高级功能，以用于支持 Django 框架下的专业 Web 开发。本节以 PyCharm 为例，讲解 Python 集成开发环境的搭建。

首先，进入 PyCharm 官网（http://www.jetbrains.com/pycharm/），如图 1-9 所示。

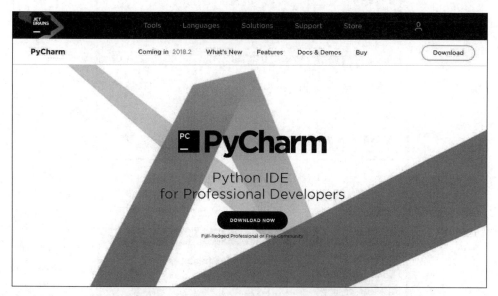

图 1-9　PyCharm 官网

单击"DOWNLOAD NOW"按钮进入下载版本选择页面，可选择相应操作系统以及不同版本进行下载，如图 1-10 所示。

图 1-10　下载版本选择页面

"Professional"版本具有 Python 开发的全部功能，单击"Professional"下的"DOWNLOAD"按钮，弹出安装包下载页面，如图 1-11 所示。

图 1-11 下载 PyCharm 安装包

双击 PyCharm 安装包进行安装,如图 1-12 所示。

图 1-12 PyCharm 安装界面

单击"Next"按钮进行安装,选择安装目录,如图 1-13 所示。

图 1-13 PyCharm 目录选择界面

单击"Next"按钮继续安装，可进行快捷方式和文件关联等配置，如图 1-14 所示。

图 1-14　PyCharm 配置界面

勾选相应快捷方式后，单击"Next"按钮继续安装，进入安装确认页面，如图 1-15 所示。

图 1-15　PyCharm 安装确认界面

单击"Install"按钮进行安装，如图 1-16 所示。

图 1-16　PyCharm 安装界面

等待安装完成后,弹出安装成功界面,表示 PyCharm 已经安装成功,如图 1-17 所示。

图 1-17　PyCharm 安装成功界面

然后,选择"Run PyCharm",启动界面如图 1-18 所示。

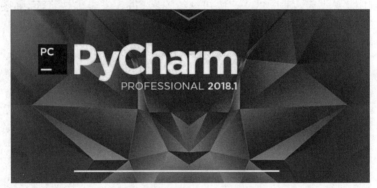

图 1-18　PyCharm 启动界面

进入项目管理界面,在"Location"栏中输出项目名称,如图 1-19 所示。

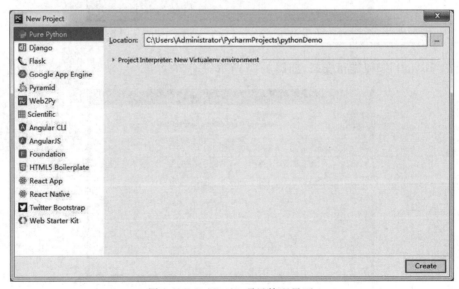

图 1-19　PyCharm 项目管理界面

单击"Create"按钮创建 Python 项目,进入 Python 项目开发界面,如图 1-20 所示。

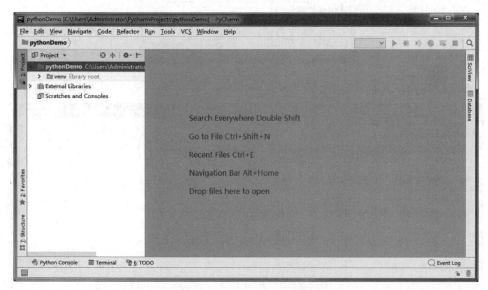

图 1-20　PyCharm 项目开发界面

在项目文件夹中右击并选择"New"→"Python File",创建 Python 文件,如图 1-21 所示。

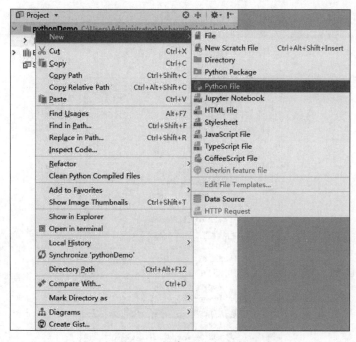

图 1-21　创建 Python 文件

输入 Python 文件名称,如图 1-22 所示。

创建 Python 文件后,可在代码编辑窗口中输入代码,如图 1-23 所示。

最后,若要运行该 Python 文件,可右击对应的 Python 文件标签,选择"Run 'HelloWord'"命令,如图 1-24 所示。

图 1-22 输入 Python 文件名称

图 1-23 编辑代码

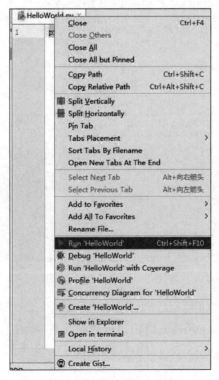

图 1-24 运行 Python 文件

运行结果显示在输出窗口中,如图 1-25 所示。

图 1-25 运行结果界面

通过以上讲解,读者可在 PyCharm 中编写和运行 Python 程序,提高开发效率。

1.5 Python 的输入/输出

1.5.1 Python 的输入

1. 读取键盘输入

Python 提供了 input() 内置函数可以从标准输入设备读入一行文本,默认的标准输入是键盘。input() 可以接收一个 Python 表达式作为输入,并返回运算结果,示例代码如下:

```
str = input("请输入: ");          #等待用户输入
print("你输入的内容是: ", str)    #显示用户输入内容
```

上述代码运行后会等待用户输入,输入字符串后按 Enter 键结束输入,输出窗口会显示刚刚输入的字符串,输出结果如下:

```
请输入:医科大学计算机教研室
你输入的内容是:医科大学计算机教研室
```

2. 读取文本文件

除了通过键盘读取输入外,Python 还可以读取文本文件作为输入。对文本文件的操作包括文件的创建(打开)、关闭、读和写等,这些是许多程序运行过程中经常应用的。Python 中文件的操作过程通常是先通过创建一个 file 类的对象打开一个文件;再使用 file 类的 read() 读文件;最后,完成对文件的操作时要调用 close() 方法关闭文件。read() 方法可以从一个打开的文件中读取一个字符串,该方法从文件的开头开始读入,如果没有传入参数,read() 方法会尝试尽可能多地读取更多的内容,甚至到文件的末尾。需要特别注意的是,

Python 字符串可以是二进制数据,而不仅仅是文字,读文件示例代码如下:

```
#打开Python项目目录中的cmucc.txt文本文件,读文本内容,使用结束,关闭文件
f1 = open("cmucc.txt", "r")          # 打开一个文件,参数为只读
print("文件名: ", f1.name)            # 输出文件名
print("文本内容: ", f1.read())        # 读文件内容
f1.close()                           # 关闭打开的文件
```

上述代码输出结果如下:

```
文件名: cmucc.txt
文本内容: CMUCC
```

读文本文件除了上述方法,还有其他使用方法,关于读文件的更多操作会在后续章节中详细讲解,本节不再展开说明。

3. 读取其他文件

Python 除了读取文本文件外,还可以读取 XML、JSON 等文件,将这些文件中的信息作为输入,本书中关于读取 XML 文件的具体操作会在后续章节中详细讲解,本节不再展开说明。

1.5.2 Python 的输出

1. 输出文本文件

print()函数作为 Python 最常用的输出语句,可以输出字符串、数值和变量等,示例代码如下:

```
print("医科大学计算机教研室")
```

上述代码会在输出窗口显示相应信息,运行结果如下:

```
医科大学计算机教研室
```

print()函数默认是换行的,即每次使用 print()会自动换一行,如果想不换行输出,则在 print()函数中加入"end=''"语句,示例代码如下:

```
print('医科大学',end = '')
print('计算机教研室')
```

上述代码在输出"医科大学"后,应该另起一行输出"计算机教研室",由于加入"end=''"语句所以没有换行,直接输出了"计算机教研室",运行结果如下:

```
医科大学计算机教研室
```

关于 print()函数的更多操作会在后续章节中详细讲解,本节不再展开说明。

2. 写入文本文件

write()方法可将字符串写入一个打开的文本文件,即将结果输出到文件中,与 read()方法类似,Python 中文件的操作过程通常是先通过创建一个 file 类的对象打开一个文件;

再使用 file 类的 write()写文件；最后，完成对文件的操作时要调用 close()方法关闭文件。关于写文件的更多操作会在后续章节中详细讲解，本节不再展开说明。

3. 写入其他文件

Python 除了可以将输出结果写入文本文件外，还可以将输出结果输出到 XML、JSON 等文件。本书关于写入 XML 文件的具体操作会在后续章节中详细讲解，本节不再展开说明。

本节介绍了 Python 中的主要输入和输出方法，使读者对 Python 的输入和输出有整体的理解，为后续章节的学习提供帮助。

本 章 小 结

本章主要介绍了 Python 的概念、发展历史、特点和主要应用领域；详细介绍了 Python 的安装过程，并以 Python 3.0 为例编写了第一个 Python 程序；阐述了 Python 集成开发环境 PyCharm 的安装和工作方式；给出了 Python 3.0 的主要输入和输出方法。通过对本章的学习，读者能够对 Python 有一定的了解和掌握，为后续章节的学习打下良好的理论基础。

第 2 章　基 础 语 法

导学

Python 语言是当今计算机领域应用非常广泛的高级语言之一。在诸多计算机高级语言中，Python 是一门简单易学且功能强大的编程语言。通过学习 Python，不但能够帮助人们学会程序设计方法，增强逻辑思维能力，同时还可以让人们掌握计算机高级语言完整的知识体系结构。

了解：Python 变量的赋值、运算符的优先级。

掌握：Python 的标准数据类型和基本运算符的使用。

Python 语言与 C、C++、Java 和 C♯ 等计算机语言有许多相似之处，同时又存在一些差异，它能够用简单而又高效的方式进行面向对象编程。比如，完成同一个任务，C 语言需要 900 行代码，C♯ 需要 200 行，而 Python 可能只要 10 行。Python 拥有高效的数据结构，是开发应用程序的理想语言。本章介绍 Python 语言的基础语法，其中包括基本数据类型和运算符。

2.1　Python 标准数据类型

2.1.1　Python 变量的赋值和标准的数据类型

Python 中的变量不需要声明，但每个变量在使用前都必须赋值，变量赋值以后该变量才会被创建。等号（＝）用来给变量赋值。等号左边是一个变量名，右边是存储在变量中的值。代码如下（以 ♯ 开头的是 Python 中的单行注释，多行注释使用三个单引号（'''）或三个双引号（"""））。

```
counter = 100          # 变量名是"counter",它是数字整型变量
miles = 1000.0         # 变量名是"miles", 它是数字浮点型变量
a = "SWMU"             # 变量名是"a",它的类型是字符串
A = [1, 2, 3]          # 变量名是"A",它的类型是列表
print (counter)
print (miles)
print (a)
print (A)

'''
变量的命名要注意：
```

```
   1. 变量的名字尽量见名知意,方便使用.
   2. 变量的名字不能用数字开头,用英文字符命名时是区分大小写的.
   3. Python 中变量在访问之前,必须先赋值,否则会报错.
'''
```

运行结果如下:

```
100
1000.0
SWMU
[1, 2, 3]
```

Python 3.0 中有 6 个标准的数据类型:数字(Number)、字符串(String)、列表(List)、元组(Tuple)、字典(Dictionary)、集合(Sets)。

2.1.2 数字

Python 中数字数据类型用于存储数值,支持 3 种不同的数值类型。

(1) 整型(int):整型是正整数或负整数,不带小数点。

(2) 浮点型(float):浮点型由整数部分与小数部分组成,浮点型也可以使用科学记数法表示(如 $2.4e2=2.4\times10^2=240$)。

(3) 复数(complex):复数由实数部分和虚数部分构成,可以用 a+bj 或者 complex(a,b) 表示,复数的实部 a 和虚部 b 都是浮点型。

2.1.3 字符串

1. 创建字符串

字符串是 Python 中最常用的数据类型,可以使用单引号或双引号创建字符串,效果是相同的。创建字符串只要为变量分配一个值即可。代码如下:

```
v1 = '医科大学'
v2 = "SWMU"
可以使用以下 4 种方式定义。
单引号(''),其中可以包含双引号。
双引号(""),其中可以包含单引号。
三单引号(''' '''),其中可以包含单引号和双引号,可以跨行。
三双引号(""" """),其中可以包含单引号和双引号,可以跨行。
```

2. 访问字符串中的值

访问字符串,可以使用方括号来截取字符串。截取单个字符的基本语法格式为 string[index],这里的 string 表示要截取的字符串,index 表示索引值。Python 规定,字符串中第一个字符的索引为 0,第二个字符的索引为 1,后面各字符依此类推。此外,Python 也允许从后面开始计算索引,最后一个字符的索引为 −1,倒数第二个字符的索引为 −2,依此类推。代码如下:

```
v1 = 'Hello-world'
v2 = "医学信息"
```

```
print ("v1[4]: ", v1[4])              #输出 v1 的第 5 个字符
print ("v2[-2]: ", v2[-2])            #输出 v2 的倒数第 2 个字符
```

运行结果如下：

```
v1[4]: o
v2[-2]: 信
```

Python 也可以在方括号中使用范围来获取字符串的中间"一段"（被称为子串），其基本语法格式为：string[start:end:step]。此格式中，各参数的含义如下：

(1) string：表示要截取的字符串。

(2) start：表示截取开始的字符所在的索引（截取时包含该字符）。

(3) end：表示截取结束的字符所在的索引（截取时不包含该字符）。

(4) step：表示步长，指的是从 start 索引处的字符开始，每 step 个距离截取一个字符，直至 end 索引处的字符。当 step 值省略时，该值默认为 1，最后一个冒号也可以省略。

(5) step 为正值：表示正向截取。如果不指定 start，则默认从字符串的第一个字符开始截取（截取时包含该字符）；如果不指定 end，则默认截取到最后一个字符（截取时包含该字符）。

(6) step 为负值：表示逆向截取。如果不指定 start，则默认从字符串的最后一个字符开始截取（截取时包含该字符）；如果不指定 end，则默认截取到字符串开头的第一个字符（截取时包含该字符）。

代码如下：

```
v3 = '热烈庆祝中华人民共和国成立100周年!'
print ("v3[4:11]: ", v3[4:11])        #从索引 4 到索引 10 的子串
print ("v3[:4]: ", v3[:4])            #从开始到索引 3 的子串
print ("v3[-6:-3]: ", v3[-6:-3])      #从索引 -6 到索引 -3 的子串
print ("v3[8:-6]: ", v3[8:-6])        #从索引 8 到索引 -6 的子串
```

运行结果如下：

```
v3[4:11]: 中华人民共和国
v3[:4]: 热烈庆祝
v3[-5:-3]: 100
v3[8:-5]: 共和国成立
```

步长为正值表示正向截取，步长为负值表示逆向截取。代码如下：

```
v4 = '0123ABCD'
print ("v4[:]: ", v4[:])              #截取全部字符
print ("v4[::3]: ", v4[::3])          #从第 1 个字符开始每 3 个字符输出 1 个字符
print ("v4[::-1]: ", v4[::-1])        #字符串逆序输出
print ("v4[:-5:-1]: ", v4[:-5:-1])    #后 4 个字符逆序输出
```

运行结果如下：

```
v4[:]: 0123ABCD
v4[::3]: 03C
v4[::-1]: DCBA3210
v4[:-5:-1]: DCBA
```

要取得相同位置的元素,可以用不同的表示方法,代码如下:

```
zfc1 = '2022临床'
zy1 = zfc1[4:6]
print ("专业一:", zy1)
zfc2 = '2022影像'
zy2 = zfc2[4:]
print ("专业二:", zy2)
zfc3 = '2022护理'
zy3 = zfc3[-2:]
print ("专业三:", zy3)
```

运行结果如下:

```
专业一:临床
专业二:影像
专业三:护理
```

说明:字符串、列表和元组都是Python序列,序列是Python中最基本的数据结构。序列中的每个元素都分配一个数字,即它的索引。

3. 字符串格式化

Python中内置的%操作符可用于格式化字符串操作,控制字符串的呈现格式。格式符为真实值预留位置,并控制显示的格式。格式符可以包含一个类型码,用以控制显示的类型。例如:%s 表示格式化字符串,%d 表示格式化十进制整数。代码如下:

```
print ("我来自 %s 今年 %d 岁!" % ('西南医科大学', 20))
```

运行结果如下:

```
我来自 西南医科大学 今年 20 岁!
```

Python常用字符串格式化符号及其描述如表2-1所示。

表2-1 Python常用字符串格式化符号及其描述

符号	描述	符号	描述
%s	格式化字符串	%d	格式化十进制整数
%u	格式化无符号整型	%o	格式化无符号八进制数
%x	格式化无符号十六进制数	%e	用科学记数法格式化浮点数

2.1.4 列表

1. 创建列表

列表是最常用的Python数据类型,用来有序存放一组相关数据,以便进行统一的处理。列表的数据项不需要具有相同的类型,它和其他语言的数组比较类似,但功能更强。

创建一个列表,只要把不同的数据项用逗号分隔,使用方括号括起来即可。代码如下:

```
list1 = ['智能', '医学', 2008, 2022]
list2 = [1, 2, 3, 4, 5]
list3 = ["A", "B", "C", "D"]
```

2. 访问列表中的值

使用下标索引来访问列表中的值,也可以使用方括号截取字符,与访问字符串中的值类似。代码如下:

```
list1 = ['智能', '医学', 2008, 2022]
list2 = [1, 2, 3, 4, 5]
print ("list1[0]: ", list1[0])
print ("list2[1:4]: ", list2[1:4])
```

运行结果如下:

```
list1[0]: 智能
list2[1:4]: [2, 3, 4]
```

3. 更新列表

可以对列表的数据项进行更新。代码如下:

```
list = ['西南', '医大', 2000, 2022]
print ("第三个元素为 : ", list[2])
list[2] = 2015
print ("更新后的第三个元素为 : ", list[2])
```

运行结果如下:

```
第三个元素为 : 2000
更新后的第三个元素为 : 2015
```

4. 删除列表元素

可以使用 del 语句来删除列表的元素。代码如下:

```
list = ['西南', '医大', 2000, 2022]
print ("第三个元素为 : ", list[2])
del list[2]
print ("删除第三个元素后的列表 : ", list)
print ("当前列表的第三个元素为 ", list[2])
```

运行结果如下:

```
第三个元素为:2000
删除第三个元素后的列表:['西南', '医大', 2022]
当前列表的第三个元素为 2022
```

2.1.5 元组

1. 创建元组

Python 的元组与列表类似,不同之处在于元组的元素不能修改。为了函数能够安全地采用一组值,要求这组值只能被读取而不能被修改。元组使用小括号,创建元组只需要在小括号中添加元素,并使用逗号隔开即可。代码如下:

```
tup1 = ('智能', '医学', 2000, 2022)
tup2 = (1, 2, 3, 4, 5)
```

创建空元组代码如下:

```
tup1 = ()
```

元组中只包含一个元素时,需要在元素后面添加逗号。代码如下:

```
tup1 = (150,)
```

当元组的元素是可变类型时,可以通过修改该可变类型。代码如下:

```
yz = (1,"智能",[1,2],(3,4))
yz
yz[2][1] = "改变"
yz
```

运行结果如下:

```
(1, '智能 a',[1, 2],(3,4))
(1,'智能',[1, '改变'],(3,4))     #列表作为元组的数据项,列表的元素可以被修改
```

2. 访问元组

可以使用下标索引来访问元组中的值,与字符串类似,从左到右元组下标索引从 0 开始。代码如下:

```
tup1 = ('Python', 'C', 2000, 2022)
tup2 = (1, 2, 3, 4, 5, 6, 7)
print ("tup1[0]: ", tup1[0])
print ("tup2[1:5]: ", tup2[1:5])
```

运行结果如下:

```
tup1[0]: Python
tup2[1:5]: (2, 3, 4, 5)
```

3. 删除元组

元组中的元素值是不允许删除的,但可以使用 del 语句来删除整个元组。代码如下:

```
tup = ('计算机', '高级语言')
del tup
print (tup)
```

以上代码中元组被删除后,输出会有异常信息"NameError: name 'tup' is not defined"提示。

2.1.6 字典

1. 创建字典

字典由键和对应值成对组成键/值对,存储了数据与数据之间的对应关系。比如,我们要保存学生的学号、姓名和年龄信息,就可以通过创建字典来实现。字典创建的代码如下:

```
dict = {'ID': '1001', 'Name': 'lucy', 'Age': 19}
```

说明:每个键与值用冒号隔开,每对用逗号分隔,整体放在花括号中。键必须独一无二,但值则不必。值可以取任何数据类型,但键必须是不可变的,如字符串、数或元组。

2. 访问字典里的值

要访问字典里的值,就把相应的键放入方括号。代码如下:

```
dict = {'Name': 'Brown', 'Age': 17, 'Class': 'First'}
print("dict['Name']: ", dict['Name'])
print("dict['Age']: ", dict['Age'])
```

运行结果如下:

```
dict['Name']: Brown
dict['Age']: 17
```

3. 修改字典

修改字典的方法是增加新的键/值对或修改已有键/值对。代码如下:

```
dict = {'Name': 'Angel', 'Age': 20}
dict['Age'] = 21                    #修改'Age'的数据项
dict['School'] = "SWMU"             #增加一个键/值对
print("dict['Age']: ", dict['Age'])
print("dict['School']: ", dict['School'])
```

运行结果如下:

```
dict['Age']: 21                     #当"键"在字典中存在时,执行修改条目的操作
dict['School']: SWMU                #当"键"在字典中不存在时,执行添加条目的操作
```

4. 删除字典元素

可以删除字典里的单一的元素,也可以清空字典所有元素,还可以删除整个词典。代码如下:

```
dict = {'Name': 'Angel', 'Age': 20}
del dict['Name']                    # 删除键是'Name'的条目
dict.clear()                        # 清空词典所有条目
del dict                            # 删除词典
```

5. 字典对表格数据的操作

表格数据可以使用字典和列表存储，并实现访问。已知表格数据如表 2-2，所示对它进行存储和访问的代码如下：

```
r1 = {"name":"高天","age":18,"city":"北京"}      # 用字典 r1 存储第一行数据
r2 = {"name":"王杰","age":19,"city":"上海"}      # 用字典 r2 存储第二行数据
r3 = {"name":"李曼","age":20,"city":"深圳"}      # 用字典 r3 存储第三行数据
tb = [r1,r2,r3]                                  # 用列表 tb 存储整个表
print(tb[0]["name"],tb[0]["age"],tb[0]["city"])  # 输出第一行数据
```

表 2-2 成员年龄籍贯信息

姓　　名	年　　龄	籍　　贯
高天	18	北京
王杰	19	上海
李曼	20	深圳

运行结果如下：

```
高天 18 北京
```

2.1.7　集合

集合里的元素是无序且互不相同的，主要用来进行关系测试和消除重复元素，集合可以有任意数量的元素，元素可以是不同的类型，如数字、元组、字符串等。要创建集合，可以将所有元素放在花括号内，以逗号分隔，或者使用 set() 函数。要创建一个没有任何元素的集合，可以使用 set() 函数(不包含任何参数)。代码如下：

```
s1 = {1,2, 'A'}        # 用花括号创建集合
s2 = set('Python')     # 用 set() 函数创建集合
s3 = set('Hello')      # 用 set() 函数创建集合
s4 = set()             # 创建空集合
print(s1)              # 注意观察结果的无序性
print(s2)              # 注意观察结果的无序性
print(s3)              # 注意观察结果的互异性和无序性
print(s4)              # 输出空集合
```

运行结果如下：

```
{1, 2, 'A'}
{'o', 't', 'y', 'P', 'h', 'n'}
{'e', 'l', 'o', 'H'}
set()
```

注意：由于集合元素的无序性，每次的运行结果可能不同。

2.2　Python 基本运算符

运算符是用来表示某种运算的符号。例如：在表达式"11 * 10"中，11 和 10 称为操作数，"*"则称为运算符。和其他计算机高级语言类似，Python 中常用的运算符有算术运算符、字符串运算符、比较运算符、赋值运算符、逻辑运算符、成员运算符等，下面通过实例逐一介绍。

2.2.1　算术运算符

算术运算符用来实现数学运算。代码如下：

```
a = 23                    #对 a 赋值
b = 10                    #对 b 赋值
print(a + b)              #"+",加法运算
print(a - b)              #"-",减法运算
print(a * b)              #"*",乘法运算
print(a / b)              #"/",除法运算,返回浮点型
print(a % b)              #"%",模运算,返回余数
print(a ** b)             #"**",表示 a 的 b 次幂
print(a//b)               #"//",整除,返回向下取整后的结果
print(9.0//2.0)           #"//",整除,对浮点数执行的也是整除
```

运行结果如下：

```
33
13
230
2.3
3
41426511213649
2
4.0
```

2.2.2　字符串运算符

字符串运算符用于对字符串的操作。代码如下：

```
a = "Intelligent"
b = "Medicine"
print("a + b 输出结果: ", a + b)              #"+",字符串连接
print("a * 2 输出结果: ", a * 2)              #"*",重复输出字符串
print("a[1] 输出结果: ", a[1])                #"[]",通过索引获取字符串中字符
print("a[1:4] 输出结果: ", a[1:4])            #"[:]",截取字符串中的一部分
#"r 或 R",表示进行不转义处理,后面的字符串原样输出
print(r'\n')
print(R'\n')
```

运行结果如下：

```
a + b 输出结果: IntelligentMedicine
a * 2 输出结果: IntelligentIntelligent
a[1] 输出结果: n
a[1:4] 输出结果: nte
\n
\n
```

2.2.3 比较运算符

比较运算符用于比较它两边的值，并确定两边值的关系。代码如下：

```
a = 100
b = 200
print(a == b)        #"==",如果两个操作数的值相等,则结果为真
print(a != b)        #"!=",如果两个操作数的值不相等,则结果为真
print(a > b)         #">",如果左操作数的值大于右操作数的值,则结果为真
print(a < b)         #"<",如果左操作数的值小于右操作数的值,则结果为真
print(a >= b)        #">=",如果左操作数的值大于或等于右操作数的值,则结果为真
print(a <= b)        #"<=",如果左操作数的值小于或等于右操作数的值,则结果为真
```

运行结果如下：

```
False
True
False
True
False
True
```

2.2.4 赋值运算符

赋值运算符用于将其右侧表达式的结果赋给其左侧的变量。代码如下：

```
a = 3
b = 100
c = a + b            #"=",表示将a + b的值赋给c
print(c)
c += a               #"+=",等价于c = c + a
print(c)
c -= a               #"-=",等价于c = c - a
print(c)
c *= a               #"*=",等价于c = c * a
print(c)
c /= a               #"/=",等价于c = c / a
print(c)
c %= a               #"%=",等价于c = c % a
print(c)
```

```
c ** = a                        #"** =",等价于 c = c ** a
print(c)
c //= a                         #"//=",等价于 c = c // a
print(c)
```

运行结果如下：

```
103
106
103
309
103.0
1.0
1.0
0.0
```

2.2.5 逻辑运算符

逻辑运算符就是常说的与、或、非，在 Python 里分别表示为 and、or、not。代码如下：

```
a = True                        #"True"和"False"是布尔值,注意首字母大写
b = False
print(a and b)                  #"and",如果两个操作数都为真,则返回真
print(a or b)                   #"or",如果两个操作数中的任何一个为真,则返回真
print(not a)                    #"not",用于反转操作数的逻辑状态
```

运行结果如下：

```
False
True
False
```

2.2.6 成员运算符

Python 成员运算符用于测试给定值是否为序列中的成员,例如:用于对字符串、列表或元组的操作中。代码如下：

```
a = 10
b = 20
list = [1, 2, 3, 4, 5 ]
#"in",如果在序列中找到变量的值,则返回 True,否则返回 False
if ( a in list ):
    print ("1 - 变量 a 在给定的列表 list 中")
else:
    print ("1 - 变量 a 不在给定的列表 list 中")
#"not in",如果在序列中找不到变量的值,则返回 True,否则返回 False
if ( b not in list ):
    print ("2 - 变量 b 不在给定的列表 list 中")
else:
```

```
        print ("2 - 变量 b 在给定的列表 list 中")
c = b/a
if ( c in list ):
        print ("3 - 变量 c 在给定的列表 list 中")
else:
        print ("3 - 变量 c 不在给定的列表 list 中")
```

运行结果如下：

```
1 - 变量 a 不在给定的列表 list 中
2 - 变量 b 不在给定的列表 list 中
3 - 变量 c 在给定的列表 list 中
```

2.2.7 常用运算符的优先级

Python 运算符的优先级是指在计算表达式时执行运算的先后顺序。先执行具有较高优先级的运算，然后执行较低优先级的运算。较为常用的几种运算符的优先级由高到低依次为幂运算符、正负号、算术运算符、比较运算符、逻辑运算符。代码如下：

```
print(-3 ** 2)                  #先运算 3 的 2 次幂
print(2 * 5 <= 5 + 6/2)         #先进行算术运算,再进行逻辑运算
```

运行结果如下：

```
-9
False
```

本 章 小 结

本章主要介绍了 Python 语言的基础语法，首先介绍了 6 种基本数据类型，包括数字(Number)、字符串(String)、列表(List)、元组(Tuple)、字典(Dictionary)、集合(Sets)；然后介绍了 6 种基本运算符，包括算术运算符、字符串运算符、比较运算符、赋值运算符、逻辑运算符、成员运算符。这些是 Python 语言中最基础的内容，通过对本章的学习，读者能够对 Python 语言的基础语法有一定的了解和掌握，为后续章节的学习打下良好的基础。

第 3 章　程序的控制结构

导学

本章主要介绍 Python 程序设计中的程序控制结构,通过本章的学习读者可以掌握 Python 程序设计的基本控制结构及程序设计技巧。

了解:3 种基本程序控制结构的流程图,以及程序设计的基本方法。

掌握:3 种基本程序控制结构,并能够进行具体程序的设计。

Python 程序设计有 3 种基本程序控制结构:顺序结构、分支结构和循环结构。程序设计通常以顺序结构为主框架,程序语句按先后顺序逐条命令执行。当程序中需要判断某些条件或多次重复处理某些事件时,可以使用分支结构或循环结构控制程序的执行流程。

3.1　顺 序 结 构

顺序结构是程序设计的基本架构结构,在一个没有分支结构和循环结构的程序中,它按程序文件中命令语句的先后顺序,逐条依次执行。顺序结构程序流程图如图 3-1 所示,在图中,有一个程序入口、一个程序出口,程序运行过程中依次执行语句 1 和语句 2。

下面是一个顺序结构程序的例子。

图 3-1　顺序结构的流程图

【例 3-1】　BMI(Body Mass Index)指数,即体质指数,计算公式为体质指数(BMI)=体重(kg)÷身高^2(m),是目前国际上常用的衡量人体胖瘦程度以及是否健康的一个标准。编写一个求体质指数的程序,该程序为顺序结构设计。代码如下:

```
w = float(input("请输入您的体重(kg):"))     #输入体重值(以 kg 为单位)
h = float(input("请输入您的身高(m):"))     #输入身高值(以 m 为单位)
B = w/h ** 2                              # 计算 BMI 指数
print("您的 BMI 指数为",B)                 #输出 BMI 指数
```

上述代码的输出结果如图 3-2 所示。

图 3-2 例 3-1 运行结果

3.2 分支结构

分支结构就是按照设计好的条件，经过判断后有选择地执行程序中的某些特定语句序列，或使程序跳转到指定语句后继续运行。在 Python 程序设计中，分支结构包括单分支结构、双分支结构和多分支结构。

3.2.1 if 语句

if 语句属于单分支结构，其语句格式如下：

```
if 表达式:
    语句序列
```

单分支结构程序功能：程序运行到 if 语句时，判断条件表达式是否成立，如果条件表达式的值为 True，则执行内嵌的语句序列；如果条件表达式的值为 False，则不做任何操作。单分支结构的流程图如图 3-3 所示。

图 3-3 单分支结构的流程图

下面是一个单分支结构程序的例子。

【例 3-2】 能被 2 整除的数是偶数。编写一个判断整数是否是偶数的程序，该程序为单分支结构设计。代码如下：

```
x = int(input("请输入一个整数:"))        #输入一个整数
if x % 2 == 0:                           #判断 x 是否为偶数
    print("这个数是偶数")                 #条件表达式值为 True,输出该数是偶数
```

提示：在 Python 程序设计中，通过命令行的缩进标识语句序列的开始与结束。如例 3-2 中 if 语句所包含的语句序列为该程序中的第 3 条命令，该条命令起始位置比第 2 条命令的起始位置向右缩进 4 个空格。

上述代码的输出结果如图 3-4 所示。

图 3-4　例 3-2 运行结果

【例 3-3】　编写一个判断整数是否是奇数的程序。代码如下：

```
x = int(input("请输入一个整数:"))        #输入一个整数
if x % 2!= 0:                           #判断 x 是否为奇数
    print("这个数是奇数")
```

提示："！＝"为比较两个对象是否不相等。

3.2.2　if…else 语句

if…else 语句属于双分支结构，其语句格式如下：

```
if 表达式：
    语句序列 1
else：
    语句序列 2
```

双分支结构程序功能：程序运行到 if 语句时，判断条件表达式是否成立。如果条件表达式的值为 True，则执行内嵌的语句序列 1；如果条件表达式的值为 False，则执行 else 后面内嵌的语句序列 2。双分支结构的流程图如图 3-5 所示。

图 3-5　双分支结构的流程图

下面是一个双分支结构程序的例子。

【例 3-4】 整数中,能被 2 整除的数是偶数,不能被 2 整除的数是奇数。编写一个判断整数是偶数还是奇数的程序,该程序为单分支结构设计。代码如下:

```
x = int(input("请输入一个整数:"))          #输入一个整数
if x % 2 == 0:                              #判断 x 是否为偶数
    print("这个数是偶数")                   #条件表达式值为 True,输出该数是偶数
else:
    print("这个数是奇数")                   #条件表达式值为 False,输出该数是奇数
```

上述代码的输出结果如图 3-6 所示。

图 3-6　例 3-4 运行结果

例 3-4 程序也可以根据例 3-2 和例 3-3 设计为单分支结构。代码如下:

```
x = int(input("请输入一个整数:"))          #输入一个整数
if x % 2 == 0:                              #判断 x 是否为偶数
    print("这个数是偶数")                   #条件表达式值为 True,输出该数是偶数
if x % 2 != 0:                              #判断 x 是否为奇数
    print("这个数是奇数")
```

3.2.3　if…elif…else 语句

if…elif…else 语句属于多分支结构,其语句格式如下:

```
if 表达式 1:
    语句序列 1
elif 表达式 2:
    语句序列 2
    …
elif 表达式 n:
    语句序列 n
else:
    语句序列 n+1
```

多分支结构程序功能:程序运行到 if 语句时,判断条件表达式 1 是否成立。如果条件表达式的值为 True,则执行内嵌的语句序列 1;如果条件表达式的值为 False,则依次判断每个 elif 条件表达式是否成立,如果表达式值为 True,则运行其下面的语句序列,如果所有的条件表达式都不成立,则执行 else 后面的语句序列。多分支结构的流程图如图 3-7 所示。

图 3-7 多分支结构的流程图

下面是一个多分支程序结构程序的例子。

【例 3-5】 例 3-1 中用 Python 实现了 BMI 指数的计算,成年人 BMI 数值的划分标准如下:BMI 低于 18.5,体重过轻;BMI 位于 18.5~23.9,体重正常;BMI 位于 24~27,体重过重;BMI 位于 28~32,肥胖;BMI 高于 32,非常肥胖。编写一个根据 BMI 指数判断体重情况的程序,该程序为多分支结构设计。代码如下:

```
B = float(input("请输入您的 BMI 指数:"))        # 输入 BMI 指数
# 通过多分支结构判断体重等级
if B > 32:                                        # BMI 高于 32,非常肥胖
    print("您的体重评定等级是非常肥胖")
elif B <= 32 and B >= 28:                         # BMI 位于 28~32 之间,肥胖
    print("您的体重评定等级是肥胖")
elif B <= 27 and B >= 24:                         # BMI 位于 24~27 之间,体重过重
    print("您的体重评定等级是过重")
elif B <= 23.9 and B >= 18.5:                     # BMI 位于 18.5~23.9 之间,体重正常
    print("您的体重评定等级是正常")
else:                                             # BMI 低于 18.5,体重过轻
    print("您的体重评定等级是过轻")
```

上述代码的输出结果如图 3-8 所示。

图 3-8 例 3-5 运行结果

上面的程序也可以通过分支结构嵌套实现,代码如下:

```
B = input("请输入您的 BMI 指数:")          ＃输入 BMI 指数
＃通过分支语句嵌套判断体重等级
if B > 32:                                ＃ BMI 高于 32,非常肥胖
    print("您的体重评定等级是非常肥胖")
    if B >= 28:                           ＃ BMI 位于 28~32 之间,肥胖
        print("您的体重评定等级是肥胖")
        if B >= 24:                       ＃ BMI 位于 24~27 之间,体重过重
            print("您的体重评定等级是过重")
            if B >= 18.5:                 ＃ BMI 位于 18.5~23.9 之间,体重正常
                print("您的体重评定等级是正常")
                elif:                     ＃ BMI 低于 18.5,体重过轻
                    print("您的体重评定等级是过轻")
```

3.2.4 pass 语句

在 Python 程序设计中,pass 语句的作用相当于空语句,当暂时没有确定如何实现功能时,可以使用 pass 语句来进行"占位"。例如以下程序:

```
x = 0
a = input("输入 a 的值")
b = input("输入 b 的值")
if a < b:
    pass            ＃如果 a 的值小于 b 的值,那么执行 pass 语句
else:
    x = a           ＃如果 a 的值大于等于 b 的值,那么将 a 的值赋给 x
    print(x)
```

3.2.5 try…except 语句

在 Python 程序设计中,try…except 语句可以用来进行对程序运行异常的检测与处理。try…except 语句格式如下:

```
try:
    被检测的语句序列
except <异常名>:
    异常处理语句序列
```

例如以下程序:

```
try:
    x = 1/0
except ZeroDivisionError:        ＃除数为 0 异常
    print("除数为 0")
```

3.3 循环结构

循环结构是指程序在执行的过程中,其中的某段语句序列被重复执行若干次。Python 程序设计提供了 for 循环和 while 循环。

3.3.1 while 语句

while 语句即 while 循环,其语句格式如下:

```
while 表达式:
    语句序列
```

while 循环程序结构程序功能:程序每次运行到"while 表达式:"语句时,判断条件表达式是否成立。如果条件表达式的值为 True,则反复执行循环体内的语句序列;如果条件表达式的值为 False,则循环结束。while 循环结构的流程图如图 3-9 所示。

下面是一个 while 循环程序结构程序的例子。

【例 3-6】 编写一个计算 1+2+3+…+100 的程序,该程序用 while 循环结构设计。代码如下:

```
total = 0                    #变量 total 用来保存最终的和
number = 1                   #变量 number 用来保存 1~100 的整数
while number <= 100:         #求 1~100 的和
    total = total + number
    number = number + 1
print("1 到 100 之和为:",total)
```

上述代码的输出结果如图 3-10 所示。

图 3-9 while 循环结构的流程图

图 3-10 例 3-6 运行结果

注意:如果程序每次运行到 while 语句时,表达式的值都为真,则该程序为死循环,程序运行将无法结束。例如以下程序:

```
total = 0
number = 1
```

```
#由于 number 始终等于 1,表达式"number<=100"始终为真,该循环为死循环
while number <= 100:
    total = total + number
print("1 到 100 之和为:",total)
```

3.3.2　for 语句

for 语句即 for 循环,其语句格式如下:

```
for 变量 in 序列:
    语句序列
```

for 循环程序结构程序的功能:变量遍历序列中的每个值。每取一个值,如果这个值在序列中,则执行语句序列,返回后,再取下一个值,再判断,直到遍历完成,退出循环。序列可以是列表、元组或字符串。

下面是一个 for 循环结构程序的例子。

【例 3-7】　编写一个计算 1+2+3+…+10 和的程序,该程序用 for 循环结构设计。代码如下:

```
total = 0                           #变量 total 用来保存最终的和
for x in [1,2,3,4,5,6,7,8,9,10]:    #变量 x 用来循环控制
    total = total + x
print("1 到 10 之和为:",total)
```

上述代码的输出结果如图 3-11 所示。

图 3-11　例 3-7 运行结果

例 3-7 程序也可以根据 range()函数来设计(关于函数见第 4 章)。代码如下:

```
total = 0                           #变量 total 用来保存最终的和
for x in range(1,11):               #变量 x 用来循环控制
    total = total + x
print("1 到 10 之和为:",total)
```

提示:

范围函数 range(start,stop[,step])所表示的计数范围从 start 开始,到 stop-1 结束,step 为计数变化的步长值,默认为 1。例如:上面程序中的 range(1,10)的步长值为 1,表示 1~10 的整数。

3.3.3 循环嵌套结构

Python 程序设计允许在一个循环体中嵌入另一个循环体,对于 while 循环和 for 循环,两种循环语句可以自身嵌套,也可以相互嵌套,嵌套的层次没有限制。循环嵌套执行时,每执行一次外层循环,其内层循环必须在循环执行结束后,才能进入到外层循环的下一次循环中。在设计嵌套程序时,注意在一个循环体内包含另一个完整的循环结构。

【例 3-8】 编写一个输出由"*"组成的直角三角形(9 行)的程序,该程序为循环嵌套结构设计。代码如下:

```
for i in range(1,10):              #range(1,10)表示 1~9 的整数
    for j in rang(1,i+1):          #range(1,i+1)表示 1~i 的整数
        print("*",end="\t")        #行中每个值以"\t"隔开,"\t"为制表符
    print()                        #换行
```

【例 3-9】 参照例 3-8,可以编写一个输出"9×9 乘法表"的程序。代码如下:

```
for i in range(1,10):              #range(1,10)表示 1~9 的整数
    for j in rang(1,i+1):          #range(1,i+1)表示 1~i 的整数
        print(i*j,end="\t")        #行中每个值以"\t"隔开,"\t"为制表符
    print()                        #换行
```

上述代码的输出结果如图 3-12 所示。

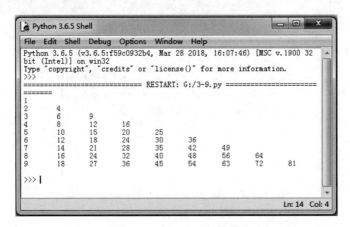

图 3-12 例 3-9 运行结果

提示:例 3-9 也可以用 while 循环嵌套来实现。代码如下:

```
i=1
while i<=9:                        #外层循环
    j=1
    while j<=i:                    #内层循环的终点是一个变化的量
        print(i*j,end="\t")
        j=j+1                      #内层循环变量的变化
    i=i+1                          #外层循环变量的变化
    print()
```

3.3.4 break 和 continue 语句

break 语句和 continue 语句都可以放在循环体内,通常放在循环体内的分支语句结构中。break 语句的作用是结束当前循环,使得整个循环提前结束;continue 语句的作用是忽略 continue 之后的语句,提前回到下一次循环。具体的流程变化如图 3-13 所示。

图 3-13　break 语句和 continue 语句流程示意图

break 语句和 continue 语句的用法如下:

```
i = 1
while i < 10:
    i = i + 1
    if i % 2 != 0:                  #奇数时跳过输出
        continue
    print(i)                        #偶数时输出
i = 1
while 1:                            #循环条件为真
    print(i)
    i = i + 1
    if i > 10:                      #当 i 值大于 10 时,循环结束
        break
```

注意:当程序设计为死循环,然后中途判断用 break 退出循环时,称为半路循环。例如以下程序:

```
a = -1
while 1:
    a += 1
    if a == 10:
        break
```

本 章 小 结

本章主要介绍了 Python 程序设计中的顺序结构、分支结构和循环结构 3 种控制结构，以及 3 种结构中可以用到的 pass 语句、break 语句和 continue 语句。通过对本章的学习，能够掌握 Python 程序设计的基本语法和基本思路，为后续章节的学习打下良好的基础。

第 4 章　函数、模块与文件

导学

函数是可重用的程序代码段,可以在程序的执行过程中多次调用。模块(Module)是一种组织形式,它把许多逻辑上有关联的代码存放到独立文件中,当程序功能越来越多时,可通过引入模块实现重利用。本章将学习定义及使用函数、模块,并使用 Python 命令对文件进行操作。

了解:函数、模块的定义。

掌握:函数、模块的使用,文件的打开、关闭及读/写操作。

在程序设计中,可以利用函数或模块减少重复编写程序段的工作量。通过 Python 的文件操作函数,可以实现程序运行过程中的文件读/写操作。

4.1 函　　数

函数是组织好的、可重复使用的,用于实现一个或多个特定功能的代码段。函数能提高应用的模块性和代码的重复利用率。Python 中的函数可分为系统函数和自定义函数。

4.1.1 系统函数

系统函数也称为内置函数(Built-in Functions),是 Python 已经定义好的函数,供人们直接调用。下面列举一些系统函数的使用方法。

(1) abs()的语法格式如下:

```
abs(x)
```

其中 x 为数值或数值表达式,函数返回 x 的绝对值。

【例 4-1】　abs()函数的使用方法。代码如下:

```
abs()函数的使用方法
print ("abs(-5) : ", abs(-5))
print ( "abs(37.12) : ", abs(37.12))
```

运行结果如下:

```
abs(-5) : 5
abs(37.12) : 37.12
```

(2) 四舍五入函数 round() 的语法格式如下：

```
round( x [, n] )
```

其中 x 和 n 为数值表达式，返回值为浮点数 x 的四舍五入值，保留 n 位小数。若不写 n，则表示保留到整数位。

【例 4-2】 round() 函数的使用方法。代码如下：

```
print(round(12.358,2))        # 对数值 12.358 四舍五入，保留两位小数
print(round(12.358))          # 对数值 12.358 四舍五入，保留到整数位
```

运行结果如下：

```
12.36
12
```

(3) float() 的语法格式如下：

```
float([x])
```

其中 x 为数值，返回值为浮点数。参数为空时，返回 0.0。

【例 4-3】 float() 函数的使用方法。代码如下：

```
# float() 函数的使用方法
print(float(105 + 1))         # 整数
print(float(-105.6))          # 小数
print(float('105'))           # 字符串
print(float())                # 参数为空，返回 0.0
```

运行结果如下：

```
106.0
-105.6
105.0
0.0
```

(4) int() 的语法格式如下：

```
int([x])
```

其中 x 为数值，返回值为整型数据。参数为空时，返回 0。

【例 4-4】 int() 函数的使用方法。代码如下：

```
# int() 函数的使用方法
print(int())                  # 参数为空，得到结果 0
print(int(3.6))               # 取整，不四舍五入
```

运行结果如下：

```
0
3
```

(5) str()的语法格式如下：

```
str(object)
```

其中 object 为对象，返回值为字符型数据。参数为空时，返回空字符串。

【例 4-5】 str()函数的使用方法。代码如下：

```
#str()函数的功能是将对象转换成字符串的形式
print(str())                #参数为空，返回值为空字符串
print(str(123))             #将数值转换为字符串
```

运行结果如下：

```
123
```

(6) range()的语法格式如下：

```
range(start, stop[, step])
```

各参数的含义如下：

start：计数从 start 开始。默认是从 0 开始，如 range(5)等价于 range(0,5)。

stop：计数到 stop 结束，但不包括 stop。例如：range(0,5)表示[0,1,2,3,4]，没有 5。

step：步长，默认为 1。例如：range(0,5)等价于 range(0,5,1)。

【例 4-6】 range()函数的使用方法。代码如下：

```
#range()函数的使用方法
for i in range(10):              #从 0 开始到 9
    print(i, end = "\t")
print()
for i in range(1, 11):           #从 1 开始到 10
    print(i,end = "\t")
print()
for i in range(0, 30, 5):        #步长为 5
    print(i,end = "\t")
print()
for i in range(0, 10, 3):        #步长为 3
    print(i,end = "\t")
print()
for i in range(0, -10, -1):      #负数
    print(i,end = "\t")
```

运行结果如下：

```
0  1  2  3  4  5  6  7  8  9
1  2  3  4  5  6  7  8  9  10
0  5  10  15  20  25
0  3  6  9
0  -1  -2  -3  -4  -5  -6  -7  -8  -9
```

(7) complex()的语法格式如下:

```
complex([real[,imag]])
```

该函数的返回值为复数 real + imag * 1j。如果省略了 imag,则 image 默认值为零;如果两个实际参数(简称实参)都省略,则返回 0j。

【例 4-7】 complex()函数的使用方法。代码如下:

```
# complex()函数的使用方法
print(complex(5 + 4j))
print(complex(5))
print(complex())
```

运行结果如下:

```
(5 + 4j)
(5 + 0j)
0j
```

(8) pow()的语法格式如下:

```
pow(x,y )
```

该函数的返回值为 x 的 y 次幂。

【例 4-8】 pow()函数的使用方法。代码如下:

```
# pow()函数的使用方法
print(pow(2,3))
```

运行结果如下:

```
8
```

(9) sum()的语法格式如下:

```
sum(iterable[, start])
```

各参数含义如下:

iterable:可迭代参数,如列表、元组、集合。

start:指定相加的参数,如果没有设置该值,默认为 0。

sum()函数用于对序列进行求和计算。

【例 4-9】 sum()函数的使用方法。代码如下:

```
# sum()函数的使用方法
a = [2,4,8]
print(sum(a))
print(sum((2,4,8), 1))        # 元组计算总和后再加 1
print(sum([2,4,8], 2))        # 列表计算总和后再加 2
```

运行结果如下：

```
14
15
16
```

(10) all()函数的语法格式如下：

```
all(iterable)
```

其中 iterable 可以是元组或列表。

all()函数用于判断给定的可迭代参数 iterable 中的所有元素是否都为 True，如果是，则返回 True，否则返回 False。元素除了是 0、空、None、False 外都默认为 True。

注意：空元组、空列表返回值为 True。

【例 4-10】 all()函数的使用方法。代码如下：

```
#all()函数的使用方法
print(all(['a', 'b', 'c', 'd']))        #列表 list,元素都不为空或 0
print(all(['a', 'b', '', 'd']))         #列表 list,存在一个为空的元素
print(all([0, 1, 2, 3]) )               #列表 list,存在一个为 0 的元素
print(all(('a', 'b', 'c', 'd')))        #元组 tuple,元素都不为空或 0
print(all(('a', 'b', '', 'd')))         #元组 tuple,存在一个为空的元素
print(all((0, 1, 2, 3)))                #元组 tuple,存在一个为 0 的元素
print(all([]))                          #空列表
print(all(()))                          #空元组
```

运行结果如下：

```
True
False
False
True
False
False
True
True
```

(11) any()函数的语法格式如下：

```
any(iterable)
```

any()函数用于判断给定的可迭代参数 iterable 是否全部为 False。如果是，则返回 False；如果有一个为 True，则返回 True。元素除了是 0、空、False 外都默认为 True。

【例 4-11】 any()函数的使用方法。代码如下：

```
# any()函数的使用方法
print(any(['a', 'b', 'c', 'd']))        #列表 list,元素都不为空或 0
print(any(['a', 'b', '', 'd']))         #列表 list,存在一个为空的元素
print(any([0, '', False]))              #列表 list,元素全为 0,'',False
```

```
print(any(('a', 'b', 'c', 'd')))        # 元组 tuple,元素都不为空或 0
print(any(('a', 'b', '', 'd')))         # 元组 tuple,存在一个为空的元素
print(any((0, '', False)))              # 元组 tuple,元素全为 0,'',False
print(any([]))                          # 空列表
print(any(()))                          # 空元组
```

运行结果如下:

```
True
True
False
True
True
False
False
False
```

(12) eval()函数的语法格式如下:

```
eval(expression)
```

其中 expression 为表达式。

eval()函数用于执行一个字符串表达式,并返回表达式的值。

【例 4-12】 eval()函数的使用方法。代码如下:

```
# eval()函数的使用方法
x = 5
print(eval('3 * x'))
print(eval('pow(2,2)'))
print(eval('2 + 2'))
n = 10
print(eval("n + 8"))
```

运行结果如下:

```
15
4
4
18
```

(13) bin()函数的语法格式如下:

```
bin(x)
```

bin()函数返回一个整数(int)或者长整数(long int)的二进制表示。

【例 4-13】 bin()函数的使用方法。代码如下:

```
# bin()函数的使用方法
print(bin(2))
print(bin(4))
```

```
print(bin(8))
print(bin(16))
```

运行结果如下：

```
0b10
0b100
0b1000
0b10000
```

(14) bool()函数的语法格式如下：

```
bool([x])
```

bool()函数用于将给定参数转换为布尔类型。如果没有参数，则返回False。

【例4-14】 bool()函数的使用方法。代码如下：

```
# bool()函数的使用方法
print(bool())
print(bool(0))
print(bool(1))
print(bool(2))
```

运行结果如下：

```
False
False
True
True
```

(15) len()函数的语法格式如下：

```
len( s )
```

len()函数返回对象(字符、列表、元组等)长度或项目个数。

【例4-15】 len()函数的使用方法。代码如下：

```
# len()函数的使用方法
s1 = "abcd"
print(len(s1))                    #字符串长度
list1 = [1,2,3,4,5]
print(len(list1))                 #列表元素个数
```

运行结果如下：

```
4
5
```

(16) type()函数的语法格式如下：

```
type(object)
```

type()函数返回对象的类型。

【例4-16】 type()函数的使用方法。代码如下：

```
#type()函数的使用方法
print(type(1))
print(type('abcd'))
print(type([1,2,3,4,5]))
print(type({"name":"toby","age":"18"}))
x = 1
print(type( x ) == int )           #判断类型是否相等
```

运行结果如下：

```
<class 'int'>
<class 'str'>
<class 'list'>
<class 'dict'>
True
```

(17) max()函数的语法格式如下：

```
max( x, y, z,… )
```

max()函数返回给定参数的最大值，参数可以为序列。

【例4-17】 max()函数的使用方法。代码如下：

```
#max()函数的使用方法
print(max(1,2,3))
print(max(-1,0,1))
print(max([-1,-2,-3]))
```

运行结果如下：

```
3
1
-1
```

(18) sorted()函数的语法格式如下：

```
sorted(iterable)
```

sorted()函数用于对可迭代对象进行排序。

【例4-18】 sorted()函数的使用方法。代码如下：

```
# sorted()函数的使用方法
a = [5,7,6,3,4,1,2]
b = sorted(a)                #保留原列表
print(a)
print(b)
```

运行结果如下:

```
[5, 7, 6, 3, 4, 1, 2]
[1, 2, 3, 4, 5, 6, 7]
```

还可以使用 Python 自带的集成开发环境 IDLE 通过命令查看其他系统函数,命令代码如下:

```
>>> import builtins
>>> dir(builtins)
```

系统函数都是在 builtins 模块中定义的函数,而 builtins 模块默认在 Python 环境启动时就自动导入,所以用户可以直接使用这些函数。用户还可以通过 help()函数查看系统函数或模块的详细说明。

【例 4-19】 查看系统函数的详细说明。代码如下:

```
# 查看 abs()函数的详细说明
help('abs')
```

运行结果如下:

```
Help on built - in function abs in module builtins:

abs(x, /)
    Return the absolute value of the argument.
```

4.1.2 函数的定义

定义函数的规则如下:

(1) 函数需要先定义后调用。定义函数以 def(def 是 define 的缩写)关键词开头,后接函数名称和圆括号。

(2) 圆括号中的内容为参数或变量。

(3) 函数内容以冒号起始,并且缩进。

(4) return[表达式]用于结束函数,并可以返回一个值。不带表达式的 return 语句返回值为空。

定义函数的语法格式如下:

```
def functionname(parameters):
    function_suite
    return [expression]
```

默认情况下,参数值和参数名称是按函数声明中定义的顺序匹配的。

【例 4-20】 定义一个函数,其功能是输出欢迎词"Hello! PYTHON!"。代码如下:

```
# 输出欢迎词"Hello! PYTHON!"
def Showhello():                 # 定义函数名 Showhello
    print('Hello! PYTHON!')      # 输出内容
Showhello ()                     # 调用函数
```

运行结果如下：

```
Hello!PYTHON!
```

4.1.3 函数的参数和返回值

参数在函数中相当于一个变量,而这个变量的值是在调用函数时被赋予的。函数的参数分为形式参数(简称形参)和实际参数(简称实参)。形参是定义函数名和函数体时需要用到的参数,目的是接收调用该函数时传递的参数;实参是传递给被调用函数的值。函数体中 return 语句的结果就是返回值。

【例 4-21】 定义一个函数,其功能是计算长方形的面积。代码如下：

```
♯函数功能为计算已知边长的长方形面积
def Showmul(x,y):            ♯定义函数名 Showmul,参数为 x 和 y
    return x * y             ♯返回值：面积的值为长乘以宽
a = 3
b = 4
z = Showmul(a,b)             ♯调用函数,返回值赋值给变量 z,a、b 为实参
print(z)                     ♯输出长方形面积
```

运行结果如下：

```
12
```

函数 Showmul(x,y)中的 x 称为形参,它就像变量一样,但它的值是在调用函数时定义的,而非在函数内赋值。

4.1.4 变量的作用域

变量的作用域即定义的变量可以使用的范围。按作用域的范围分类,变量分为全局变量和局部变量。全局变量是指在程序中(不是在函数内)定义的变量,其在整个程序中都可以使用；局部变量是指在函数内定义的变量,其只能在该函数内起作用。

【例 4-22】 区分全局变量和局部变量。代码如下：

```
♯区分全局变量和局部变量
def pandl(x):                     ♯定义函数名 pandl,参数为 x
    print ('public x is',x)       ♯输出传递过来的变量值
    x = 2
    print ('local x is',x)        ♯输出局部变量的值
x = 22                            ♯全局变量
pandl(x)                          ♯调用函数 pandl
print ('public x is still ',x)    ♯输出全局变量的值
```

运行结果如下：

```
public x is 22
local x is 2
public x is still 22
```

4.1.5 递归调用

递归调用即函数在执行过程中直接或间接地调用自己本身。

【例 4-23】 求 n 的阶乘。代码如下：

```
# 利用函数的递归调用求 n 的阶乘
# 定义求阶乘的函数
def fact(n):
    if n == 1:
        f = 1
    else:
        f = n * fact(n-1)            # 递归调用
    return f
print(fact(3))                       # 输出调用函数 fact(3)后的值
```

运行结果如下：

```
6
```

4.2 模 块

模块是包含 Python 对象定义和有逻辑组织的 Python 语句的文件。模块能定义函数、类和变量，模块里也能包含可执行的代码。为了在其他程序中重用模块，模块的文件名必须以.py 为扩展名。

如果一个文件里的程序代码过多，维护起来会很困难。为了编写可维护的代码，可以将众多函数分组，分别存放到不同的文件里。每一个扩展名为.py 的文件都称为模块。

1. 模块的导入

在 Python 中，使用 import 语句导入模块，可以使用以下两种方法：

（1）导入一个模块，语法格式如下：

```
import 模块_name
```

调用模块中的函数时需要加上前缀，如模块_name. 函数_name。

（2）只导入模块里的某些函数，语法格式如下：

```
from 模块_name import 函数_name1,函数_name2,…
```

这个声明不会把整个模块导入当前的命名空间中，只会将它里面的 name1 或 name2 单个引入执行这个声明的模块的全局符号表。调用时可以直接写函数名，不用加前缀。

注意：编写代码时，需要把导入命令放在脚本的顶端。

2. 模块的使用

Python 本身内置了很多非常有用的模块，通过导入，可以使用其功能。常用模块有数学运算模块 math、时间模块 time、日期时间模块 datetime、随机数模块 random、数据类型模块 collections 等。

【例 4-24】 两种导入模块的方法。代码如下:

```
#使用 from 导入 math 模块中的数学函数 π
from math import pi
print (pi)              #调用π函数,直接写函数名,不用写前缀
#使用 import 导入 math 模块中所有的数学函数
import math             #导入 math 中所有的数学函数
print(math.sqrt(100))   #调用 sqrt()函数对 100 进行平方根运算。调用时,要写前缀
```

运行结果如下:

```
3.141592653589793
10.0
```

4.3 文 件

计算机中的文件是指保存在磁盘上的、有逻辑意义的、由字节组成的信息。文件按照编码方式分为文本文件和二进制文件。因此在用 Python 读/写文件时,要注意文件编码的种类。Python 内部的字符串一般都是 Unicode 编码。对文件的操作包括文件的打开、关闭、读/写等。Python 中文件的操作过程通常是先通过创建一个 file 类的对象打开一个文件,再使用 file 类的 read()或 write()函数读/写文件,最后完成对文件的操作时应调用 close()函数关闭文件。.txt 文件是广泛使用的数据文件格式,本节即以.txt 为例,介绍对文件的操作。

4.3.1 文件的打开和关闭

Python 中,文件的打开和关闭分别用到 open()函数和 close()函数,下面分别介绍其使用方法。

1. 文件的打开

Python 打开文件时必须先用内置的 open()函数打开一个文件,创建一个 file 对象,然后才可以调用它进行读/写。Python 打开文件函数 open()的语法格式如下:

```
file object = open(file_name [, access_mode][, buffering])
```

各参数含义如下:

file_name:包含要访问的文件名称的字符串值。

access_mode:决定打开文件的模式,如只读、写入、追加等。打开文件模式参数如表 4-1 所示。这个参数是非强制的,默认打开文件模式为只读模式 r。

表 4-1 打开文件模式参数

模式	说明	模式	说明
r	只读模式	r+	读写模式,以 r+打开文件,写入的内容为追加
w	写入模式		
a	追加模式	w+	读写模式,以 w+打开文件,读取出来的内容为空
b	二进制模式		

buffering：如果 buffering 的值取 0，就不会有寄存；如果 buffering 的值取 1，访问文件时会寄存；如果将 buffering 的值取大于 1 的整数，则表明这是寄存区的缓冲大小；如果 buffering 的值取负数，则寄存区的缓冲大小则为系统默认值。

一个文件被打开后，就有了一个 file 对象，用户可以得到有关该文件的各种属性。file 对象相关的属性如表 4-2 所示。

表 4-2 file 对象的相关属性

属　　性	描　　述
file.closed	如果文件已被关闭，则返回 true；否则返回 false
file.mode	返回被打开文件的访问模式
file.name	返回文件的名称
file.softspace	如果用 print() 函数输出后，必须跟一个空格符，则返回 false；否则返回 true

2. 文件的关闭

file 对象的 close() 函数用于刷新缓冲区里还没有写入的信息，并关闭该文件，这之后便不能再进行写入。当一个文件对象的引用被重新指定给另一个文件时，Python 会关闭之前的文件。及时关闭文件是编写程序的良好习惯。Python 关闭文件函数 close() 的语法格式如下：

```
fileObject.close()
```

【例 4-25】 打开、关闭文件的方法（预先准备一个文本文件 test.txt）。代码如下：

```
# 打开文本文件 test.txt,输出文本内容,使用结束,关闭文件
# 打开一个文件,参数为只读模式
f1 = open("test.txt", "r")
# 如果文件存放路径为 e 盘根目录,可以改写为 open(r"e:\test.txt", "r")
print("文件名：", f1.name)         # 输出文件名
f1.close()                         # 关闭打开的文件
```

运行结果如下：

```
文件名：test.txt
```

用只读模式打开路径下对应的文本文件时，如果要打开的对象不存在，那么程序会报错，报错内容如下：

```
FileNotFoundError: [Errno 2] No such file or directory
```

4.3.2 文件的读操作

（1）read() 函数可以从一个打开的文件中读取一个字符串，语法格式如下：

```
fileObject.read([count])
```

在这里，被传递的参数是要从已打开文件中读取的字节计数。该函数从文件的开头开

始读入,如果没有传入参数 count,则会尝试尽可能多地读取更多的内容,很可能会读到文件的末尾。需要特别注意的是,Python 字符串既可以是文字,又可以是二进制数。

【例 4-26】 打开文本文件 test.txt,读所有字符串。代码如下:

```
# 打开文本文件 test.txt,读文本内容,使用结束,关闭文件
f1 = open("test.txt", "r")        # 打开一个文件,参数为只读
print("文件名: ", f1.name)         # 输出文件名
print("文本内容: ", f1.read())     # 读文件内容
f1.close()                         # 关闭打开的文件
```

运行结果如下:

```
文件名: test.txt
文本内容: Hello!智能医学!
Knowledge is power.
Keep on going never give up.
```

【例 4-27】 打开文本文件 test.txt,读出前 6 个字符。代码如下:

```
# 打开文本文件 test.txt,读部分文本内容,使用结束,关闭文件
f1 = open("test.txt", "r")        # 打开一个文件,参数为只读
print("文件名: ", f1.name)         # 输出文件名
print("文本内容: ", f1.read(6))    # 读前 6 个字符
f1.close()                         # 关闭打开的文件
```

运行结果如下:

```
文件名: test.txt
文本内容: Hello!
```

(2) readline()函数可以每次读出一行内容,语法格式如下:

```
fileObject.read()
```

该函数读取时占用内存小,比较适合大文件,返回一个字符串对象。

【例 4-28】 打开文本文件 test.txt,读出第一行字符串。代码如下:

```
# 打开文本文件 test.txt,读部分文本内容,使用结束,关闭文件
f1 = open("test.txt", "r")        # 打开一个文件,参数为只读
print("文件名: ", f1.name)         # 输出文件名
print("文本内容: ", f1.readline()) # 读第一行字符串
f1.close()                         # 关闭打开的文件
```

运行结果如下:

```
文件名: test.txt
文本内容: Hello!智能医学!
```

4.3.3 文件的写操作

(1) write()函数可将任何字符串写入一个打开的文件,语法格式如下:

```
fileObject.write(string)
```

注意：在写文件之前,如果用写模式 w 打开已有文件,那么写入字符串时会覆盖文件原有内容。

【例 4-29】 打开文本文件 test.txt,写入两行字符串。代码如下:

```
# 打开文本文件 test.txt,输出及写入文本内容,使用结束,关闭文件
f1 = open("test.txt", "r")              # 打开一个文件,参数为只读
print("文件名: ", f1.name)              # 输出文件名
print("文本内容: ", f1.read())          # 读文件内容
f1.close()                              # 关闭打开的文件
# 以追加模式打开文件
f1 = open("test.txt", "a")              # 打开一个文件,参数为追加
f1.write("\nHello!\nEveryone!\n")       # 追加新内容,\n 代表换行
f1.close()                              # 关闭打开的文件
# 以只读模式打开文件
f1 = open("test.txt", "r")              # 打开一个文件,参数为只读
print("写入后的文本内容: ", f1.read())  # 读文件内容
f1.close()                              # 关闭打开的文件
```

运行结果如下:

```
文件名: test.txt
文本内容: Hello! 智能医学!
Knowledge is power.
Keep on going never give up.
写入后的文本内容: Hello! 智能医学!
Knowledge is power.
Keep on going never give up.
Hello!
Everyone!
```

此例题中对文件进行了 3 次打开及关闭。如果改变第一次打开文件的参数,把只读模式 r 改为读/写 r+模式,则可以省去第二次文件的打开及关闭操作。代码如下:

```
# 打开文本文件 test.txt,输出及写入文本内容,使用结束,关闭文件
# 打开一个文件,参数为读/写,写入的内容为追加
f1 = open("test.txt", "r+")
print("文件名: ", f1.name)              # 输出文件名
print("文本内容: ", f1.read())          # 读文件内容
f1.write("\nHello!\nEveryone!\n")       # 追加新内容,\n 代表换行
f1.close()                              # 关闭打开的文件
# 以只读模式打开文件
f1 = open("test.txt", "r")
print("写入后的文本内容: ", f1.read())  # 读文件内容
f1.close()                              # 关闭打开的文件
```

经测试运行结果是一样的。

writelines()函数可将任何字符串序列写入一个打开的文件,语法格式如下:

```
fileObject.writelines(list)
```

该序列可以是任何字符串,字符串为一般列表。

【例 4-30】 打开文本文件 test.txt,写入 3 行字符串列表。代码如下:

```
#打开文本文件 test.txt,输出及写入文本内容,使用结束,关闭文件
testlist = ["\n列表追加第一项\n","列表追加第二项\n","列表追加第三项"]
#打开一个文件,参数为读/写,写入的内容为追加
f1 = open("test.txt", "r+")
print("文件名: ", f1.name)                #输出文件名
print("文本内容: ", f1.read())            #读文件内容
f1.writelines(testlist)                   #追加新内容,\n代表换行
f1.close()                                #关闭打开的文件
#以只读模式打开文件
f1 = open("test.txt", "r")
print("写入后的文本内容: ", f1.read())    #读文件内容
f1.close()                                #关闭打开的文件
```

运行结果如下:

```
文件名: test.txt
文本内容: Hello!智能医学!
Knowledge is power.
Keep on going never give up.
写入后的文本内容: Hello!智能医学!
Knowledge is power.
Keep on going never give up.
列表追加第一项
列表追加第二项
列表追加第三项
```

4.3.4 文件的指针定位

f.seek()函数用于移动文件读取指针到指定位置,语法格式如下:

```
f.seek(offset, from_what)
```

其中 from_what 表示开始读取的位置,offset 表示从 from_what 再移动一定的距离,如 f.seek(10,3)表示定位到第 3 个字符并再后移 10 个字符。from_what 值为 0 时表示文件的开始,它也可以省略,省略是 0,即文件开头。

【例 4-31】 文本文件 test1.txt 中存放的内容为"智能医学",通过指针定位,读取字符串"医学"。代码如下:

```
f = open("test1.txt", "r")        #打开 test1.txt 文本文件
f.seek(4,0)                       #定位指针,从起始位置 0 开始,偏移量为 4
print(f.readline())
```

运行结果如下:

本 章 小 结

本章主要介绍了函数、模块和文件的使用方法。通过本章的学习,读者能够对重用代码的编写有一定的了解和掌握,当一个函数或模块编写完毕,就可以被其他文件引用。我们在编写程序时,要学会有逻辑地组织代码,分配代码段,使代码更好用、更易懂。

第 5 章　面向对象程序设计

导学

面向对象程序设计(Object Oriented Programming,OOP)是一种将数据和对数据的操作封装成为"对象"来处理的程序设计方法。这种设计思想使得软件设计更加灵活,提高了代码的可读性和可扩展性。OOP可以在对象的基础上进行再抽象,根据不同对象之间的共同特征进行分类、抽象,形成类。OOP的关键就在于如何合理地定义和组织类以及类与类之间的关系。

了解：面向对象的程序设计思想。

掌握：对象、类的概念；面向对象程序设计的封装、继承和多态。

前面的章节介绍了语法、数据类型和程序的控制结构等内容。本章将主要介绍Python中另一个非常核心的概念,即对象。和C++、Java等其他语言一样,Python被称为面向对象的语言。在对象之上,可以抽象出类的概念,类具有封装性、继承性和多态性。

5.1　面向对象程序设计基础

5.1.1　面向对象程序设计的基本概念

1. 对象

对象(Object)是面向对象程序设计的核心,是程序的主要组成部分。在面向对象的程序设计方法中,一个程序可以看作一组对象的集合。

在现实世界中,我们可以广义地认为,对象就是客观世界里存在着的任何事物。它可以是有生命的,也可以是无生命的；可以是具体的,也可以是抽象的。比如,我们每一个人、我们身边的花草树木、桌椅板凳,都可以称为一个对象。任何对象都不仅包含它本身,同时还包含其所具有的特性和行为。

在面向对象的程序设计思想中,对象可以被看成是数据以及其具有的属性和存取、操作该数据的方法所构成的集合。所以,在这种设计方法中,只要将程序中包含的每一个对象设计完成,也就完成了对整个程序的设计。

2. 类

类(Class)是同一类型对象,也就是具有相似特征或者行为的对象的集合和抽象。在面向对象程序设计中,对象是程序的基本单位,是一种复合的数据类型,是程序的基本要素。而类是将具有相同状态、行为和访问机制的多个对象抽象形成一个整体。简言之,类是对象的集合,对象是类的实例。在定义了一个类之后,符合类特点的对象称为类实例或类对象。

类代表一般,而类中的一个对象代表具体。例如:如果将每一个人看成一个对象,那么一类人群就可以称为一个"类",比如,男人是一类,女人是一类。

其实,不必将类的概念想象得那么复杂难以理解,我们可以把类简单地理解为类型,即数据类型。就像 Python 等语言允许用户创建除自带函数之外的自定义函数一样,Python 也允许用户创建自定义的满足特殊条件的数据类型,与 Python 定义好的 string、list、dict 等数据类型一样。

3. 属性和方法

属性(Properties)是类的特征的描述,也就是类中的对象所具有的一致的数据结构。在实际编程过程中,属性就是定义在类中的变量。

方法(Method)是类的行为的总称,是允许作用在对象上的所有操作。在实际编程过程中,方法可以理解为定义在类中的函数。

5.1.2 面向对象程序设计的3个基本特性

面向对象程序设计是一种计算机编程架构。面向对象程序设计方法具有以下3个基本特性。

1. 封装性

封装性(Encapsulation)就是将数据和数据的属性及对其可能进行的操作集合起来,形成一个整体,即对象。一方面,用户不必知道对象行为的实现细节,只需根据对象提供的外部特性接口对对象进行访问。这样,就可以实现将对象的用户和设计者分开,用户在使用对象时,不必知道对象行为的细节,只需调用设计者提供的协议命令去做即可。另一方面,面向对象方法的封装性有效地使对象以外的事物不能随意获取对象的内部属性(公有属性除外),避免了外部错误对其产生的影响,大幅减少软件开发过程中查错的工作量,降低排错难度;同时隐蔽了程序设计的复杂性,提高了代码的重用性。

2. 继承性

提到继承性(Inheritance),就要先给出两个在类的继承过程中出现的新概念:父类(基类)和子类(派生类)。父类和子类是相对而言的,如果我们将已定义好的一个类称为父类,则从这个类派生出来的类就被称为这个类的子类。子类可以继承父类的所有属性。这种从父类派生出子类的现象称为类的继承机制,也就是继承性。

子类因为继承了父类的属性,所以在使用时无须重新定义父类中已经定义好的属性和行为,而是自动地拥有其父类的全部属性和行为。

3. 多态性

面向对象程序设计的多态性(Polymorphism)是指子类在继承了父类中定义的属性或行为的基础上,可以再定义出其他个性化的属性或行为。

Python 完全采用了 OOP 的思想,是真正面向对象的高级动态编程语言,完全支持面向对象诸如封装、继承、多态以及派生类对基类方法的覆盖和重写等基本功能。

与其他面向对象程序设计语言不同的是,Python 中对象的概念更加宽泛。在 Python 中,一切内容都可以称为对象,包括字符串、列表、字典和元组等内置数据类型都具有和类完全相似的语法和用法。也可以说,为了保持语句简约的风格,Python 是在尽可能不增加新语法和语义的情况下加入了类机制。

5.2 定义和访问类与对象

5.2.1 定义类和对象

对象是类的实例,是由类创建的。所以在定义一个对象时,应该首先存在一个类。下面我们就来分别定义类和对象。

1. 定义类

创建类时,对象的属性用变量形式表现,称为数据成员或成员变量;对象的方法用函数形式表示,称为成员函数或成员方法。成员变量和成员方法统称为类的成员。

Python 使用 class 关键字来定义类,具体的书写格式是这样的:class 关键字之后是一个空格,在空格的后面是用户定义的类名以及一个冒号,然后换行开始定义类的内部实现方法。注意,类名的首字母一般需要大写,虽然也可以按照自己的习惯风格来定义类名,但是一般还是推荐参考惯例来命名,并在整个系统的设计和实现中保持风格的一致,以此增强程序的可读性,也有利于团队合作。

下面给出定义类的最简单的格式:

```
class 类名:
    属性(成员变量)
    属性
    …
    …
    成员函数(成员方法)
```

【例 5-1】 定义一个类,取名为 SWMU,实现输出字符串"Welcome to Southwest Medical University!"的作用。程序代码如下:

```
class SWMU:
    #定义成员变量
    xm = "Southwest Medical University"
    #定义成员函数 Welcome()
    def Welcome(self):
        print("Welcome to " + SWMU.xm + "!")
```

例 5-1 在 CMU 类中定义一个成员变量 xm,变量的值为字符串"Southwest Medical University"和一个成员函数 Welcome(self),在成员函数中调用成员变量 xm,并实现输出字符串"Welcome to Southwest Medical University!"的目的。

需要说明的是,在 Python 中,函数和成员函数是有区别的。成员函数一般指与特定实例绑定的函数,当用户通过对象调用成员函数时,对象本身将作为第一个参数被传递过去,这是普通函数所不具备的特点。如例 5-1 中成员函数 Welcome(self)中的参数 self 是代表类对象本身的参数。在类的成员函数中访问实例属性时,需要以 self 为前缀。

本例只实现了定义一个类的作用,没有具体的类实例,也就是对象,所以程序没有运行结果。

2. 定义对象

前面介绍过，类就是数据类型。那么，面向对象程序设计方法中，在类的基础上定义的变量就是"类对象""实例对象""对象""实例"，这些各种称呼来源于不同的程序设计语言，其中"类对象"和"实例对象"比较严格些，建议大家多采用。

既然对象是类的实例，那么接着上面的例子，我们就可以创建一个基于类"SWMU"的对象了。在定义了具体的对象之后，即可通过使用"对象名.成员"的方式来访问类的成员函数和成员变量。

首先给出 Python 创建对象的语法格式：

```
对象名 = 类名()
```

然后在例 5-1 的基础上，进一步定义 SWMU 类的一个对象 xm，并通过类对象来调用成员函数以实现打印欢迎词的功能，具体代码如下：

```
class SWMU:
    #定义成员变量
    xm = "Southwest Medical University"
    #定义成员函数 Welcome()
    def Welcome(self):
        print("Welcome to " + SWMU.xm + "!")
xm = SWMU()                    #定义类对象 xm
xm.Welcome()                   #通过类对象调用成员函数
print(xm.xm)                   #通过类对象调用成员变量
```

程序运行结果如下：

```
Welcome to Southwest Medical University!
Southwest Medical University
```

5.2.2 利用构造函数定义类

定义类时，可以使用一些特殊的方法，如 __init__() 和 __new__()，它们被称为构造函数或者构造器。这里，我们只为大家介绍最常用的构造函数 __init__()。大家需要注意构造函数的写法，构造函数分别以两个下画线"__"作为开头和结尾。

当定义一个类时，系统会自动建立一个没有任何操作的默认的 __init__() 方法。此时，如果用户自己建立了一个新的特殊的 __init__() 方法，那么系统给出的默认 __init__() 方法将被用户自定义的 __init__() 方法所覆盖。

实际上，调用类时，传递的任何参数都是赋给 __init__() 方法的，可以理解为创建实例时，对类的调用实际上就是对构造器方法的调用。通过构造器调用可以更新类的数据属性。具体情况可以在例 5-2 中体现出来。

【例 5-2】 使用构造器方法 __init__()。程序代码如下：

```
class my_class:
    x = 100
    y = 200
    #使用构造函数为类定义除类对象本身之外的另外两个参数：a、b
```

```
    def __init__(self,a,b):
        self.x = a
        self.y = b
#分别使用类和类对象输出参数,体会两者的区别
object_test = my_class(10,20)              #定义类对象 object_test,给参数 a 和 b 传值
print(object_test.x,object_test.y)         #输出类对象参数 x、y
print(my_class.x,my_class.y)               #输出类参数 x、y
my_class.x = 1                             #重新定义类参数 x
my_class.y = 2                             #重新定义类参数 y
print(my_class.x,my_class.y)               #输出类参数 x、y
```

程序运行结果如下：

```
10 20
100 200
1 2
```

5.2.3 定义和访问实例属性与类属性

属性(成员变量)一共有两种：一种是实例属性；另一种是类属性(类变量)。实例属性是在构造函数__init__()中定义的,定义时以 self 作为前缀；类属性是在类中方法之外定义的属性。在主程序中,也就是在类的外部,实例属性属于实例(对象),只能通过对象名访问；类属性属于类,可以通过类名访问,也可以通过对象名访问,为类的所有实例共享。

【例 5-3】 定义一个含有实例属性(课程名 kcm、学时 xs)和类属性(学科总数 num)的 Course"课程"类。程序代码如下：

```
class Course:
    num = 0                                #成员变量(属性)
    def __init__ (self,s,n):               #构造函数,定义两个参数 s、n
        self.kcm = s                       #定义实例属性 self.kcm,并将参数 s 的值赋予它
        self.xs = n                        #定义实例属性 self.xs,并将参数 n 的值赋予它
    def PrintName(self):                   #定义成员函数,用以输出课程名和学时
        print("课程名：",self.kcm,"学时：",self.xs)
    def PrintNum(self):                    #定义成员函数,用以统计输出学科总数
        Course.num = Course.num + 1
        print(Course.num)
#主程序
P1 = Course("人工智能",48)                  #定义类实例 P1
P2 = Course("医学大数据",36)                #定义类实例 P2
P1.PrintName()                             #通过类实例调用成员函数
P2.PrintName()                             #通过类实例调用成员函数
P1.PrintNum()                              #通过类实例调用成员函数
P2.PrintNum()                              #通过类实例调用成员函数
```

程序运行结果如下：

```
课程名：人工智能 学时：48
课程名：医学大数据 学时：36
```

5.3 类的继承与多态

前面介绍过,Python 作为面向对象的程序设计语言具有继承性。继承性体现在父类和子类之间、类和对象之间。Python 中,子类在继承父类时还满足多态性。这一节将主要介绍如何在代码中体现出类的继承性和多态性。

5.3.1 类的继承

继承是为了代码复用和设计复用而设计的,是面向对象程序设计的重要特性之一。当设计一个新类时,如果可以继承另一个已有的设计良好的且特性相似的类,然后进行二次开发,则会大幅地减少程序开发的工作量,提高设计效率。

类的继承的语法规则如下:

```
class 子类名(父类名):
    子类成员
```

【例 5-4】 设计 Person 类,根据 Person 派生 Student 类,并分别创建 Person 类和 Student 类的对象。程序代码如下:

```
#主程序
wangwu = Person('李楠',19,'男')
wangwu.show()
zhaoliu = Student('赵想',21,'男','20180333')
zhaoliu.show()
zhaoliu.setAge(20)                      #通过父类成员函数更新实例属性
zhaoliu.show()
#定义父类:Person 类
class Person:                           #创建类 Person
    def __init__(self,name = ' ',age = 20,sex = '女'):
        self.setName(name)              #通过 self 调用成员函数,并传递参数
        self.setAge(age)                #通过 self 调用成员函数,并传递参数
        self.setSex(sex)                #通过 self 调用成员函数,并传递参数
    def setName(self,name):             #定义成员函数
        if type(name)!= str:            #内置函数 type()返回被测对象的数据类型
            print('姓名必须是字符串!')
            return
        self.__name = name              #变量符合类型要求,则赋值
    def setAge(self,age):               #定义成员函数
        if type(age)!= int:             #内置函数 type()返回被测对象的数据类型
            print('年龄必须是整型!')
            return
        self.__age = age                #变量符合类型要求,则赋值
    def setSex(self,sex):               #定义成员函数
        if sex!= '男' and sex!= '女':  #内置函数 type()返回被测对象的数据类型
            print('请输入正确的性别(男或女)!')
```

```
            return
        self.__sex = sex  #变量符合类型要求,则赋值
    def show(self):  #定义成员函数,用来输出对象属性
        print('姓名:',self.__name,'年龄:',self.__age,'性别:',self.__sex)
#定义子类(student 类),其中增加一个私有属性(学号)
class Student(Person):
    #定义子类构造函数,增加私有属性 studentID
    def __init__(self,name = '',age = 20,sex = 'man',studentID = '20180101'):
        #在子类中调用父类构造函数,并初始化父类私有数据成员
        Person.__init__(self,name,age,sex)
            #通过 self 调用成员函数,并传递参数
        self.setStudentID(studentID)
    def setStudentID(self,studentID):
        self.__studentID = studentID
    def show(self):
        Person.show(self)
        print('学号:',self.__studentID)
```

程序运行结果如下:

```
姓名: 李楠 年龄: 19 性别: 男
姓名: 赵想 年龄: 21 性别: 男
学号: 20180333
姓名: 赵想 年龄: 20 性别: 男
学号: 20180333
```

5.3.2 类的多继承

Python 的类可以继承多个父类。书写时将被继承的父类列表写在子类名后面,具体规则如下:

```
class SubClassName(ParentClass1{,ParentClass2,ParentClass3,…}):
    子类成员
```

例如,定义 C 类同时继承 A、B 两个基类,写法如下:

```
class A:              #定义类 A
...
class B:              #定义类 B
...
class C(A,B):         #定义子类 C,继承父类 A 和 B
...
```

5.3.3 类的多态

多态,即多种数据类型,也就是说对象可以满足不止一种数据类型。在这里先介绍一个用来测试变量类型的函数 isinstance()。判断一个变量是否是某个类型,可以用 isinstance()函数,书写的基本格式如下:

```
isinstance(object,class)
```

isinstance(object,class)是布尔函数,返回值为布尔值"True"或布尔值"False",当object是class类或class子类的实例对象时,返回值就为"True"。

【例 5-5】 类的多态,用函数 isinstance()测试变量的类型,程序代码如下:

```
class Animal:                          #定义父类 Animal
    def run(self):
        print("Animal is running...")
class Cat(Animal):                     #定义子类 Cat
    def run(self):
        print("Cat is running...")
class Dog(Animal):                     #定义子类 Dog
    def run(self):
        print("Dog is running...")
a = Animal()                           #定义父类 Animal 的实例对象 a
b = Cat()                              #定义子类 Cat 的实例对象 b
c = Dog()                              #定义子类 Dog 的实例对象 c
print(isinstance(a, Animal))           #判断 a 是否为父类 Animal 的实例对象
print(isinstance(b, Cat))              #判断 b 是否为子类 Cat 的实例对象
print(isinstance(c, Dog))              #判断 c 是否为子类 Dog 的实例对象
print(isinstance(c, Animal))           #判断 c 是否为父类 Animal 的实例对象
print(isinstance(a, Dog))              #判断 a 是否为子类 Dog 的实例对象
```

程序运行结果如下:

```
True
True
True
True
False
```

从例 5-5 可以看到,类 Dog 是类 Animal 的子类,所以对象 c 作为类 Dog 的实例,既具有 Dog 的数据类型,同时又具有 Animal 的数据类型。因为类 Dog 本身就继承了父类 Animal 的属性。

本 章 小 结

本章介绍了面向对象程序设计的基本概念,Python 中创建类和对象的语法规则,实例属性和类属性以及类的继承、多继承和多态。

在本章中,读者应该重点掌握对象和类的概念以及面向对象程序设计方法的 3 个主要特征,即封装性、继承性和多态性。

值得注意的是,Python 中存在着一些与其他程序设计语言比较明显的不同。其中最为重要的是:在其他面向对象程序设计语言中,类是没有属性的,而在 Python 中,类和对象一样,是具有属性的。

另外,面向对象程序设计方法与面向过程程序设计方法存在较大区别,需要读者在不断的学习实践中慢慢体会。

第 6 章　图形界面设计

导学

图形界面(Graphical User Interface,GUI)又称图形用户接口,它是 Python 建立应用程序的主要工具之一。通过图形界面可以设计出带有标签、按钮、文本框等组件的界面。本章以 Tkinter 为例进行介绍,要求学生学会图形界面设计的方法,同时掌握 Python 完整的知识体系结构,增强逻辑思维。

了解:Python 常用图形开发库、图形绘制、Python 事件处理。

掌握:Python 常用组件的应用。

目前为止,Python 输入输出涉及的都是简单的文本形式,但是实际应用中用户要处理大量的图形界面,因此,本章以 Tkinter 为例学习如何设计图形用户界面。

6.1　Python 图形开发库

6.1.1　开发平台

平台是图形组件的一个特定集合,在编写 Python 前,首先要确定使用哪个 GUI 平台。支持 Python 的图像开发库有很多,并且这些库之间并没有冲突。因此,用户可以从中选择满足自己需求的 GUI 库。比较流行的 GUI 开发库如表 6-1 所示。

表 6-1　支持 Python 的常用 GUI 库

GUI 库	描述
Tkinter	跨平台,方便稳定,可移植性好
wxpython	基于 wxWindows,跨平台越来越流行
PythonWin	只能在 Windows 上使用。使用了本机的 Windows GUI 功能
JavaSwing	只能用于 Jython,使用本机的 Java GUI
PyGTK	使用 GTK 平台,在 Linux 上很流行
PyQt	使用 Qt 平台,跨平台

本章使用的是 Tkinter 库,该库是 Python 标准的 GUI 工具包接口。Tkinter 可以运行在大多数的 UNIX 平台、Windows 和 Mac 系统中,跨平台性能较好,便于移植。Tkinter 8.0 的后续版本可以实现本地窗口风格,并良好地运行在绝大多数平台中。

由于 Tkinter 是内置到 Python 的安装包,只要安装 Python 后就能直接导入 Tkinter 库。需要强调的是,Python 3.x 版本使用的库名为 tkinter,即首字母 T 为小写。因此当导入模块时,需要写成 import tkinter。

6.1.2 创建 Windows 窗口

【例 6-1】 创建第一个 Windows 窗口的 GUI 程序。程序代码如下:

```
#第一个 GUI 程序
import tkinter                          # 导入 Tkinter 模块
win = tkinter.Tk()                      # 创建 Windows 窗口对象
win.title('第一个图形界面设计程序')       # 设置窗口显示的标题
win.mainloop()                          # 显示窗口
```

运行结果如图 6-1 所示。

Tk()方法是创建一个普通的窗口,在创建组件前必须创建这个根窗口,然后在根窗口基础上创建其他组件。如果导入 tkinter 模块语句是"import tkinter",则创建窗口必须加上 tkinter 类名,如程序中的 win = tkinter.Tk()。如果导入语句是"from tkinter import *",则创建根窗口的代码就是 win=Tk(),可以不用写类的名字。创建其他组件也遵循这个原则。

图 6-1 Tkinter 创建的第一个 GUI 程序

mainloop()函数主要是用来显示窗口,可以理解为整个程序的主循环,程序不断地刷新,等待用户的消息事件发生,然后刷新窗口,显示窗口最新的状态。当前程序一直处于事件循环之中,直到关闭这个窗口。

Windows 窗口创建后,可以通过 geometry()方法来设置宽度和高度,重新调整窗口大小。方法中的宽度和高度都是字符类型的数据。具体语法如下:

```
窗口对象.geometry(宽度 x 高度)
注意,x 不是乘号,是小写字母 x。
```

当然,也可以设置 Windows 窗口的最大宽度、最大高度,以及最小宽度和最小高度。语法如下:

```
窗口对象.maxsize(最大宽度,最大高度)
窗口对象.minsize(最小宽度,最小高度)
```

将例 6-1 中窗口初始大小设置为 800×600 像素,并且最小宽度和最小高度为 400×600 像素,最大宽度和最大高度设置为 1440×800 像素。具体代码如下:

```
win.geometry('800x600')
win.minsize('400','600')
win.maxsize('1440','800')
```

6.2 Tkinter 常用组件

6.2.1 Tkinter 组件

组件是对数据和方法的简单封装,组件可以有自己的属性和方法。Tkinter 提供的组件有标签、按钮和文本框等,组件有时也称为控件或部件。目前常用的 Tkinter 组件如表 6-2 所示。

表 6-2 常用 Tkinter 组件

组件名称	描述
Button	按钮,用于在程序中显示按钮
Canvas	画布,用于显示图形元素,如线条或文本
Checkbutton	多选框,用于在程序中提供多项选择框
Entry	单行文本输入,用于显示简单的文本内容
Frame	框架,用于在屏幕上显示一个矩形区域,多用作容器
Label	标签,可以显示文本和位图
Listbox	列表框,Listbox 窗口的小部件用于显示一个字符串列表给用户
Menubutton	菜单按钮,用于显示菜单项
Menu	菜单,用于显示菜单栏、下拉菜单和弹出菜单
Message	消息,用于显示多行文本,与 Label 比较类似
Radiobutton	单选按钮,用于显示一个单选的按钮状态
Scale	范围,用于显示一个数值刻度,为输出限定范围的数字区间
Scrollbar	滚动条,当内容超过可视化区域时使用,如列表框
Text	文本,用于显示多行文本
Toplevel	容器,用于提供一个单独的对话框,和 Frame 比较类似
LabelFrame	LabelFrame 是一个简单的容器控件,常用于复杂的窗口布局
MessageBox	用于显示应用程序的消息框

Tkinter 的所有组件都具备标准属性(共有属性),如字体、大小和颜色等。常用的组件的标准属性如表 6-3 所示。

表 6-3 常用组件的标准属性

属性	描述
dimension	组件大小
color	组件颜色
font	组件字体
anchor	锚点,内容放置的位置
relief	组件样式
bitmap	位图
cursor	光标
text	显示文本内容
state	设置组件状态:正常、激活、禁用

anchor 属性是指内容停靠的位置,具体对应东南西北以及四个角。anchor 可用值有以下几个:e、w、n、s、ne、se、sw、nw、center。

其中,e:垂直居中,水平居右。w:垂直居中,水平居左。n:垂直居上,水平居中。s:垂直居下,水平居中。ne:垂直居上,水平居右。se:垂直居下,水平居右。sw:垂直居下,水平居左。nw:垂直居上,水平居左。center(默认值):垂直居中,水平居中。

anchor 地理方位图如图 6-2 所示。

Tkinter 组件有特定的几何布局管理器(Geometry Manager),几何布局管理器主要作用是管理和组织父组件(一般为窗口)中的子组件的布局方式。Tkinter 提供了 3 种不同的几何布局管理器:pack、grid 和 place。

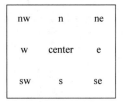

图 6-2 anchor 地理方位

1. pack

pack 几何布局管理采用块的方式组织组件。调用子组件的方法为 pack():

```
pack(option = value,…)
```

若不指定 pack()函数的参数,pack 会从上至下放置组件。pack()方法提供的参数及其取值如表 6-4 所示。

表 6-4 pack()方法提供的参数选项

选项	描述	取值
side	停靠在父组件哪一边	top、buttom、left、right
anchorr	停靠位置,对应于东南西北及四角	n、s、e、w、nw、sw、se、ne、center(默认值)
fill	填充空间	x、y、both、none
expand	扩展空间	0 或 1
ipadx,ipady	组件内部在 x/y 方向上填充的空间大小	单位为 c(厘米)、m(毫米)、i(英寸)、p(打印机的点)
padx,pady	组件外部在 x/y 方向上填充的空间大小	单位为 c(厘米)、m(毫米)、i(英寸)、p(打印机的点)

2. grid

grid 几何布局管理采用表格结构组织组件。调用子组件的方法为 grid():

```
grid(option = value,…)
```

子组件的位置由行和列确定的单元格决定,可以跨越多行多列。每一列中的列宽由这一列中最宽的单元格决定。grid 几何布局管理器适用于表格形式的布局,可以实现复杂的界面,因此应用比较广泛。

grid 有两个重要的参数:row 和 column。这两个参数用来指定将子组件放置到什么位置。若不指定 row,则将子组件放置到第一个可用的行上;若不指定 column,则使用首列,即第 0 列。

grid()方法提供的参数及其取值如表 6-5 所示。

表 6-5 grid()方法提供的参数选项

选项	描述	取值
sticky	对齐方式	n、s、e、w、nw、sw、se、ne、center
row	单元格行号	整数,从 0 开始算起
column	单元格列号	整数,从 0 开始算起
rowspan	单元格横跨的行数	整数,rowspan=3 即跨 3 行
columnspan	单元格横跨的列数	整数,columnspan=2 即跨 2 列
ipadx,ipady	设置组件中 x/y 方向空白区域大小	单位为 c(厘米)、m(毫米)、i(英寸)、p(打印机的点)
padx,pady	设置组件周围 x/y 方向空白区域保留大小	单位为 c(厘米)、m(毫米)、i(英寸)、p(打印机的点)

3. place

place 几何布局管理允许指定组件的大小与位置。调用子组件的方法为 place():

place(option = value,…)

place 的优点是可以精确控制组件的位置,不足之处是改变窗口大小时,子组件不能随之灵活地改变大小。place 方法提供的参数及其取值如表 6-6 所示。

表 6-6 grid()方法提供的参数选项

选项	描述	取值
anchor	对齐方式	n、s、e、w、nw、sw、se、ne、center(默认值)
x,y	定义本组件左上角在父组件中的绝对位置坐标,父组件的左上角坐标为(0,0)。单位:像素	从 0 开始的整数
relx,rely	定义本组件左上角在父组件中的相对位置比例,如 relx=0.5 表示从父组件 x 方向上 1/2 处开始布局	取值范围为 0~1.0
height,width	高度和宽度,单位为像素	实数

6.2.2 标签

标签(Label)用于在窗口中显示文本或者位图信息,常用的属性如表 6-7 所示。

表 6-7 Label 组件常用属性

属性	说明
anchor	对齐方式,对应于东南西北以及四个角 n、s、e、w、nw、sw、se、ne、center(默认值)
width	宽度
height	高度
compound	指定文本与图像如何在 Label 上显示,默认为 none。当指定 image/bitmap 时,文本将被覆盖,只显示图像。可用值有 left、right、top、bottom、center
wraplength	指定多少单位后开始换行,用于显示多行文本
justify	指定多行的对齐方式,可以使用的值为 LEFT 或 RIGHT
image 和 bm	显示自定义图片如 png 或 gif 图像
bitmap	显示内置的位图

在 Tkinter 创建好的窗口中创建组件时,需要调用指定组件的构造函数。如创建标签组件的格式如下:

Label(窗口对象, Label 属性)

Label()函数的第一个参数为窗口对象名称,是指在哪个窗口上创建的组件,后面的参数是该组件的相应属性,可以根据需要设置。因此,其他组件的创建方法与之类似。

【例 6-2】 标签组件的应用。窗口标题为"测试 label 组件",在窗口中建立 3 个标签组件:lab1 显示文本"智能医学专委会";lab2 显示系统内置位图"hourglass";lab3 显示自选图片"智能医学专委会.png"。程序代码如下:

```
#将 tkinter 模块所有的类、函数等导入当前程序中
from tkinter import *
win = Tk()                                    #创建一个窗口
win.title("测试 label 组件")                   #给窗口命名
#创建第一个标签 lab1,标签显示文本"智能医学专委会"
lab1 = Label(win, text = '智能医学专委会')
lab1.pack(anchor = 'nw')                      #显示标签组件
lab2 = Label(win, bitmap = 'hourglass')       #创建第二个标签 lab2
lab2.pack()
bm = PhotoImage(file = r'E:\python 练习\智能医学专委会.png')
lab3 = Label(win, image = bm)                 #创建第三个标签 lab3
lab3.pack()
win.mainloop()                                #进入消息循环,显示窗口
```

pack()方法可以告知 label 组件调整自己的尺寸来适应具体文本的大小。PhotoImage()函数打开文件时,file 路径前的 r 代表后面遇到的"\"不要进行转义,而是原样输出。hourglass 是系统内置的位图,系统内置的位图还有以下几个:error、gray75、gray50、gray25、gray12、info、questhead、hourglass、question 和 warning。程序运行如图 6-3 所示。

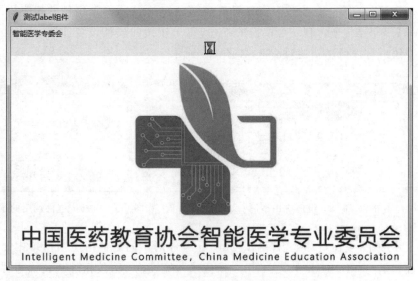

图 6-3 标签组件应用举例

6.2.3 按钮

按钮(Button)用于实现各种按钮。按钮上可以显示文本和图像,也可以通过 command 属性将 Python 函数或方法关联到按钮上。当该按钮被激活时,就可以自动调用该函数或方法。常用的属性如表 6-8 所示。

表 6-8 Button 组件常用属性

属 性	说 明
anchor	对齐方式,对应于东南西北以及四个角 n、s、e、w、nw、sw、ne、center(默认值)
width	设置显示宽度,如未设置此项,其大小适应内容标签
height	设置显示高度,如未设置此项,其大小适应内容标签
compound	指定文本与图像的位置关系
text	显示文本内容
bg	设置背景颜色
fg	设置前景色
bitmap	指定位图
command	指定 Button 的事件处理函数
focus_set	设置当前组件得到焦点
master	代表父窗口
relief	指定外观装饰边界附近的标签,可设置参数:FLAT、GROOVE、RAISED、RIDGE、SOLID、SUNKEN
state	组件状态:正常(normal)、激活(active)、禁用(disabled)
bd	设置按钮的边框大小,bd(bordwidth)默认为 1 或者 2 像素

创建按钮组件的语法格式如下:

Button 对象 = Button(窗口对象, Button 属性)

Button()函数的第一个参数为窗口对象名称,后面的参数是该组件的相应属性。

【例 6-3】 创建一个含有 4 个按钮的程序,每个按钮的属性设置如图 6-4 所示,当单击最后一个按钮后可以调出新的对话框,如图 6-5 所示。

图 6-4 Button 组件应用举例

图 6-5 Button 组件调用的子窗口

在以上程序中,主窗口标题为"测试 Button 组件的不同属性用法",窗口中 4 个按钮组件属性设置如下:Button1 显示文本"第一条记录",宽度为 15,按钮外观装饰边界标签是平的,背景颜色为绿色;Button2 显示文本"上一条记录",按钮在左侧显示位图"error",按钮为激活状态；Button3 显示文本"下一条记录"，文本在按钮垂直居中，水平居左显示，按钮宽度为 18，高度为 2；Button4 显示文本"最后一条记录"，前景色为红色，边框设置为 2 像素，宽度为 18，同时当单击按钮时，能够调出子窗口。程序中末尾的"\\"在这里不是转义字符，而是语句太长，换行继续书写。程序代码如下：

```python
# 测试 button 的不同属性
from tkinter import *
# 导入 tkinter 中的 messagebox 模块
from tkinter.messagebox import *
root = Tk()
root.title("测试 Button 组件的不同属性用法")
# 创建第一个按钮 button1 并显示
button1 = Button(root,text = "第一条记录",width = 15,relief = FLAT,bg = "green")
button1.pack()
# 创建第二个按钮 button2 并显示
button2 = Button(root,text = "上一条记录",compound = "left",\
        state = ACTIVE,bitmap = "error")
button2.pack()
# 创建第三个按钮 button3 并显示
button3 = Button(root,text = "下一条记录",anchor = 'w',width = 18,height = 2)
button3.pack()
# 定义 btn4 按钮上的动作函数
def btn4_clicked():
    showinfo("我是被调用的命令","已经到最后一条记录了")
# 创建第四个按钮 button4 并显示
button4 = Button(root,text = "最后一条记录",\
        fg = "red",bd = 2,width = 18,command = btn4_clicked)
button4.pack()
root.mainloop()
```

6.2.4 文本框

文本框组件分为单行文本框(Entry)和多行文本框(Text)。单行文本框(Entry)主要用于输入单行内容和显示文本，可以方便地向程序传递用户参数。多行文本框 Text 使用方法类似于 Entry，可以输入多行内容和显示文本。以下对单行文本框进行详细介绍。

创建 Entry 对象的基本方法如下：

Entry 对象 = Entry(窗口对象,Entry 属性)

如果想获取单行文本框内输入内容，那么需要用 get()方法，格式如下：

Entry 对象.get()

Entry 组件常用属性如表 6-9 所示。

表 6-9　Entry 组件常用属性

属　　性	说　　明
show	如果设置为字符"*"，则输入文本框内显示为"*"，用于密码输入
insertbackgroud	插入光标的颜色，默认为黑色
selectbackground	选中文本的背景色
selectforeground	选中文本的前景色
width	组件的宽度（所占字符数）
bg	设置背景色
fg	设置前景色
state	组件状态：正常（normal）、激活（active）、禁用（disabled）

【例 6-4】 创建一个医生诊疗系统界面，效果如图 6-6 所示。密码文本框中显示"*"。窗口尺寸设置为 250 像素×150 像素。程序代码如下：

```
from tkinter import *
root = Tk()
root.title('医生诊疗系统')                                    #设置窗口名称
root.geometry(250x150')                                       #设置窗口显示尺寸
Label(root,text = '用户名',width = 6).place(x = 5,y = 10)     #创建"用户名"标签
Entry(root,width = 20).place(x = 55,y = 10)                   #创建用户名标签后文本框
Label(root,text = '密码',width = 6).place(x = 5,y = 45)       #创建"密码"标签
Entry(root,width = 20,show = '*').place(x = 55,y = 45)        #创建密码标签后文本框
Button(root,text = '登录',width = 8).place(x = 35,y = 75)     #创建"登录"按钮
Button(root,text = '取消',width = 8).place(x = 120,y = 75)    #创建"取消"按钮
root.mainloop()
```

place()方法可以控制组件的位置。place(x,y)即将组件放到指定位置的绝对坐标上。在 Python 坐标系中，左上角为(0,0)原点的位置，向右为 x 坐标正方向，向下是 y 坐标正方向。place(x=5,y=10)就是将当前组件放在 x=5,y=10 的绝对坐标位置。

程序运行结果如图 6-6 所示。

图 6-6　医生诊疗系统登录界面

6.2.5　列表框

列表框组件用于显示多个项目，并且允许用户选择一个或多个项目。列表框组件常用的方法如表 6-10 所示。

表 6-10　Listbox 组件常用方法

常 用 方 法	说　　　明
Listbox(窗口对象)	创建 Listbox 对象
pack()	显示 Listbox 对象
insert(index,item)	插入文本项,index 是插入文本项的位置,在尾部插入用 end,在选中处插入则是 active。item 是要插入的项
curselection ()	返回选中索引,结果为元组。索引号从 0 开始
delete(first,last)	删除文本项,删除指定(first,last)范围的项,不指定 last 则删除 1 个项目
get(first,last)	获取项目内容,获取指定(first,last)范围的项,不指定 last 则返回 1 个项目
size()	获取项目个数
m=StringVar Lisbox 对象=listbbox(root,listvariable=m)	获取 Listbox 内容,需要使用属性 listvariable 为 Listbox 对象指定一个对应的变量,如左侧 m
get()方法	获得 listbox 对象中的内容

【例 6-5】 创建如图 6-7 所示的列表框,通过选中左侧列表框中的值,单击"添加＞＞"按钮添加到右侧"选定字段"列表框中,也可以选中右侧列表框中的值并单击"删除＜＜"按钮进行删除。程序代码如下:

```
from tkinter import *
root = Tk()
root.title('列表框的应用')
#定义"添加>>"按钮上的函数
def callbutton1():
    for i in listb1.curselection():              #遍历选中项
        listb2.insert(0,listb1.get(i))            #添加到右侧列表框中
#定义"删除<<"按钮上的函数
def callbutton2():
    for i in listb2.curselection():              #遍历选中项
        listb2.delete(i)                          #从右侧列表框中删除
li = ['住院号','姓名','性别','出生日期','吸烟否','婚否']
listb1 = Listbox(root)                            #创建左侧列表框
listb2 = Listbox(root)                            #创建右侧列表框
for item in li:                                   #向左边列表框中循环插入选项
    listb1.insert(0,item)
#创建两个标签,并布局在指定行,指定列
Label(root,text = '可用字段').grid(row = 0,column = 1)
Label(root,text = '选定字段').grid(row = 0,column = 3)
listb1.grid(row = 1,column = 1,rowspan = 2)
#创建'添加>>'和'删除<<'两个 Button 组件
b1 = Button(root,text = '添加>>',command = callbutton1,width = 10,bd = 3)
b2 = Button(root,text = '删除<<',command = callbutton2,width = 10,bd = 3)
b1.grid(row = 1,column = 2,rowspan = 2)           #对组件 b1 布局
b2.grid(row = 2,column = 2,rowspan = 2)           #对组件 b2 布局
listb2.grid(row = 1,column = 3,rowspan = 2)
root.mainloop()
```

程序运行结果如图 6-7 所示。

图 6-7 列表框的应用

6.2.6 单选按钮和复选框

单选按钮(Radiobutton)和复选框(Checkbutton)分别用于实现选项的单选和复选功能。单选按钮只能选择一项。复选框可以选择一项或多项。

1. 创建单选按钮对象

创建单选按钮对象的基本方法如下：

Radiobutton 对象 = Radiobutton(窗口对象, Radiobutton 组件属性)

2. Radiobutton 组件的常用属性

（1）variable：单选按钮索引变量，通过变量的值确定哪个单选按钮被选中。一组单选按钮使用同一个索引变量。

（2）value：单选按钮选中时变量的值。

（3）command：单选按钮选中时执行的命令(函数)。

3. Radiobutton 组件的方法

（1）deselect()：取消选择。

（2）select()：选择。

（3）invoke()：调用单选按钮指定的回调函数。

4. 创建 Checkbutton 对象

创建 Checkbutton 对象的基本方法如下：

Checkbutton 对象 = Checkbutton(窗口对象, text = Checkbutton 组件显示的文本, command = 单击 Checkbutton 按钮所调用的回调函数)

5. CheckButton 组件的常用属性

（1）variable：复选框索引变量，通过变量的值确定哪些复选框被选中。每个复选框使用不同的变量，复选框之间相互独立。

（2）onvalue：复选框选中变量的值。

（3）offvalue：复选框未选中变量的值。

（4）command：复选框选中时执行的命令(函数)。

6. 获取 Checkbutton 的状态

为了获取 Checkbutton 组件是否被选中，需要使用 variable 属性为 Checkbutton 组件指定一个对应变量。通过该变量的值来判断当前选中的是 Checkbutton 组件中的哪个选项。该变量初始化时可以通过 set()函数设置初始值。

【例 6-6】 创建一个简单的 Radiobutton 例子，使用单选按钮组件选择不同的课程，程序代码如下：

```
from tkinter import *
    root = Tk()
Label(root,text = '课程名称').place(x = 0,y = 0)          #创建标签组件
#创建 StringVar 对象,记录单选按钮值
r = StringVar()                                          #创建字符变量与 variable 绑定
r.set('2')                                               #设置变量初始值为'2'
radio1 = Radiobutton(root,variable = r,value = '1',text = '大学计算机基础')
#在坐标(x = 1,y = 20)处显示第一个单选按钮
radio1.place(x = 1,y = 20)
radio2 = Radiobutton(root,variable = r,value = '2',text = '医学大数据应用概论')
radio2.place(x = 1,y = 40)
radio3 = Radiobutton(root,variable = r,value = '3',text = '虚拟现实与增强现实技术导论')
radio3.place(x = 1,y = 60)
root.mainloop()
```

程序运行结果如图 6-8 所示。

图 6-8 单选按钮的应用

【例 6-7】 单选按钮和复选框的综合应用，程序代码如下：

```
from tkinter import *
#选中单选按钮时触发 colorChecked()函数修改颜色
def colorChecked():
    label_1.config(fg = color.get())
#选中复选按钮时触发函数 typeChecked()修改字体
def typeChecked():
    textType = typeUnderline.get() + typeItalic.get()
    if textType == 1:
        label_1.config(font = ('Arial',12,'underline'))
elif textType == 2:
        label_1.config(font = ('Arial',12,'italic'))
    elif textType == 3:
        label_1.config(font = ('Arial', 12, 'underline italic'))
    else:
```

```
            label_1.config(font = ('Arial',12))
root = Tk()
root.title("测试复选框")
root.geometry('200x200')
color = StringVar()
#定义标签显示指定文本
label_1 = Label(root,text = "计算机教研室",\
              height = 3,font = ('Arial',12))
label_1.pack()
#定义"红色"单选框,单选按钮索引变量值为空串,当被选中时为value的值
Radiobutton(root,text = '红色',variable = color,value\
     = 'red',command = colorChecked).pack(side = LEFT)
#定义"蓝色"单选框
Radiobutton(root,text = '蓝色',variable = color,value\
     = 'blue',command = colorChecked).pack(side = LEFT)
typeUnderline = IntVar()
typeItalic = IntVar()
#定义"下画线"复选框,被选中时 onvalue = 1
Checkbutton(root,text = '下画线',variable = typeUnderline,\
            onvalue = 1,offvalue = 0,command = typeChecked).pack(side = LEFT)
#定义"斜体"复选框,被选中时 onvalue = 2
Checkbutton(root,text = '斜体',variable = typeItalic,\
            onvalue = 2,offvalue = 0,command = typeChecked).pack(side = LEFT)
root.mainloop()
```

程序运行结果如图 6-9 所示。

图 6-9　复选框按钮的应用

6.2.7　消息窗口

消息窗口(Messagebox)用于弹出提示框向用户进行警告,或让用户选择下一步如何操作,消息框包括很多类型,常用的有 info、warning、error、yesno、okcancel 等,包含不同的图标、按钮以及弹出提示音。

【例 6-8】　消息框 Messagebox 的应用。程序代码如下:

```
import tkinter as tk
from tkinter import messagebox as msgbox
root = tk.Tk()
```

```
#定义"VR是什么"按钮被单击时触发的事件函数
def btn1_clicked():
    msgbox.showinfo('VR','VR是虚拟现实')
#定义"AR是什么"按钮被单击时触发的事件函数
def btn2_clicked():
    msgbox.showinfo('AR','AR是增强现实 ')
root.title('测试 messagebox')
#定义第一个按钮
btn1 = tk.Button(root,text = 'VR是什么',command = btn1_clicked)
btn1.pack()                         #显示 btn1 按钮
#定义第二个按钮
btn2 = tk.Button(root,text = 'AR是什么',command = btn2_clicked)
btn2.pack()                         #显示 btn2 按钮
root.mainloop()
```

运行结果如图 6-10 所示,当单击"VR 是什么"按钮时,弹出如图 6-11 所示的消息窗口。

图 6-10 消息窗口的应用

图 6-11 showquestion 消息窗口

6.2.8 对话框

对话框用于与用户交互和检索信息。Tkinter 模块中的子模块 messagebox、filedialog、colorchooser、simpleDialog 包括一些通用的预定义对话框,用户也可通过继承 TopLevel 创建自定义对话框。

模块 tkinter 的子模块 filedialog 包含用于打开文件对话框的函数 askopenfilename()。文件对话框可供用户选择某文件夹下的文件。格式如下:

askopenfilename(title = '标题',filetypes = [('所有文件','.*'),('文本文件','.txt')])

(1) filetypes:文件过滤器,可以筛选某种格式的文件。
(2) title:设置打开文件对话框的标题。
同时,还有文件保存对话框函数 asksaveasfilename()。格式如下:

asksaveasfilename(title = '标题', initialdir = 'e:\python 练习', initialfile = 'hello.py')

(1) initialdir:默认保存路径,如'd:\mypython'。
(2) initialfile:默认保存的文件名,如'first.py'。
【例 6-9】 文件对话框的打开和关闭。程序代码如下:

```python
from tkinter import *
from tkinter.filedialog import *
#"打开文件"按钮事件处理函数
def openfile():
    r = askopenfilename(title = '打开文件',filetypes = [('Python','*.pyy, *.pyw'),('all files','*')])
print(r)
#"保存文件"按钮事件处理函数
def savefile():
    r = asksaveasfilename(title = '保存文件',initialdir = 'e:\python - 练习',initialfile = 'hello.py')
    print(r)
root = Tk()
root.title('打开对话框示例')
root.geometry('150x100')
#创建两个按钮组件并布局显示
Button(root,text = '打开文件',command = openfile).pack(side = 'left')
Button(root,text = '保存文件',command = savefile).pack(side = 'right')
root.mainloop()
```

程序运行结果如图 6-12 所示，当单击"打开文件"时可以打开指定类型的文件，当单击"保存文件"时可以保存文件，如图 6-13 所示。

图 6-12 文件对话框的应用

图 6-13 打开文件界面

除了文件对话框外,还有颜色对话框和简单对话框。颜色对话框是 tkinter 的子模块 colorchoose,包含用于打开颜色对话框的函数 askcolor()。颜色对话框可以提供给用户选择某种颜色。简单对话框是模块 Tkinter 子模块 simpledialog 中的一个功能,主要用于打开输入对话框的函数。

6.2.9 菜单

菜单(Menu)是图形用户界面经常用到的组件,菜单包含各种按照主题分组的基本命令,以图标和文字的方式展示可用选项。图形用户界面应用程序包括两种类型的菜单。

(1) 主菜单:提供窗体的菜单系统,通过单击可以列出下拉菜单。

(2) 上下文菜单(也称为快捷菜单):上下文菜单是一种根据用户当前所在程序位置(上下文)动态生成的菜单。一般右击某个对象会弹出快捷菜单,常用的命令有复制、剪切等操作。

1. 创建主菜单

创建菜单对象的基本方法如下:

```
Menu 对象 = Menu(Windows 窗口对象)
```

将 Menu 对象显示在窗口中的方法如下:

```
Windows 窗口对象['menu'] = Menu 对象
Windows 窗口对象.mainloop()
```

创建一个顶级菜单,需要先创建一个菜单实例,然后将菜单项添加进去,添加的方法可以使用 add_command() 方法。如果要添加的菜单是顶级菜单,则依次向右添加。该方法有以下几个属性:label 指定菜单的名称,command 指定调用的方法,acceletor 是快捷键,underline 指定该菜单项是否拥有下画线。格式是:

```
Menu 对象 = add_command(lable = 菜单项名称,command = 菜单项调用的方法名,……)
```

2. 添加下拉菜单

创建一个下拉菜单的方法与创建主菜单方法类似,最主要的区别就是下拉菜单需要添加到主菜单中,而主菜单需要添加到窗口中。如果该菜单项有子菜单,添加下拉菜单的方法是 add_cascade(),如创建 Menu 对象 1 的子菜单 Menu 对象 2 的方法如下:

```
Menu 对象 1.add_cascade(label = 菜单文件,menu = Menu 对象 2)
```

在创建 Menu 对象 2 时要指定它是 Menu 对象 1 的子菜单。方法如下:

```
Menu 对象 2 = Menu(Menu 对象 1)
```

【例 6-10】 创建主菜单,主菜单中有"查询"和"退出"两个菜单项。当单击"查询"时,弹出下拉菜单"住院号查询"和"科室查询";当单击"退出"时,退出并关闭当前窗口。程序代码如下:

```
from tkinter import *
root = Tk()                                    # 创建窗口
root.title("Python Menu")                      # 添加标题

# 定义"退出"菜单项上的函数
def _quit():
    root.quit()                                # 关闭窗口
    root.destroy()                             # 将窗口所有组件销毁,内存回收
    exit()
m = Menu(root)                                 # 在当前窗口创建菜单栏
root['menu'] = m                               # 将菜单对象 m 显示在当前窗口
# 在菜单 m 上创建一个新的菜单对象 selectMenu
selectMenu = Menu(m)
# 在菜单 m 上添加子菜单"查询",并指明 selectMenu 是 m 的子对象
m.add_cascade(label = "查询", menu = selectMenu)
# 在"查询"下添加 "住院号查询"
selectMenu.add_command(label = "住院号查询")
# 在"查询"下添加"科室查询"
selectMenu.add_command(label = "科室查询")
# 在菜单栏中创建一个"退出"菜单项,并绑定_quit 函数
m.add_command(label = "退出", command = _quit)
root.mainloop()
```

程序运行结果图如图 6-14 和图 6-15 所示。

图 6-14　主菜单运行结果图　　　图 6-15　添加下拉菜单运行结果

6.3　窗口内图形绘制

6.3.1　Canvas 画布组件

Canvas 画布为 Tkinter 提供了绘图功能,其提供的图形组件包括线形、圆形、图片等其他控件。

创建一个 Canvas 对象的方法为:

```
Canvas 对象 = Canvas(窗口对象,选项,…)
```

Canvas 画布常用选项如表 6-11 所示。

表 6-11 Canvas 画布常用属性

选项	说明
master	代表了父窗口
bg	背景色,如 bg='red'、bg='#FF56EF'
fg	前景色,如 fg='red'、fg='#FF56EF'
height	设置显示高度,如果未设置此项,则其大小以适应内容标签
relief	指定外观装饰边界附近的标签,默认是平的,可以设置的参数有 flat、groove、raised、ridge、solid、sunken
width	设置显示宽度,如果未设置此项,则其大小以适应内容标签为准
state	设置组件状态:正常(normal)、激活(active)、禁用(disabled)
bd	设置 Button 的边框大小,bd(bordwidth)缺省为 1 或 2 个像素

6.3.2 绘制图形对象

Canvas 画布上可以绘制图形对象,如圆弧、线条、矩形、多边形、椭圆、文字以及位图和图像。Canvas 画布上绘制各种图形对象的绘制函数如表 6-12 所示。

表 6-12 Canvas 画布绘制函数

函数	说明
create_arc	绘制圆弧
create_bitmap	绘制位图,支持 XBM,bitmap= BitmapImage(file = filepath)
create_line	绘制直线
create_oval	绘制椭圆
create_polygon	绘制多边形
create_rectangle	绘制矩形
create_text	绘制文字
create_window	绘制窗口
delete	删除绘制的图形
itemconfig	修改图形属性,第一个参数为图形的 ID,后边为想修改的参数
move	移动图像
coords(ID)	返回对象的位置的 2 个坐标(4 个数字元组)

Canvas 上的每个绘制对象都有一个标识 id(整数),使用绘制函数创建绘制对象时,返回绘制对象 id。例如:

语句 id1=cv.create_line(0,0,200,200,width=2)可以在 Canvas 对象 cv 上绘制一条直线 id1,起点为(0,0),终点为(200,200),线宽为 2。绘制文字对象的方法是 create_text(),具体实例如:id2.create_text(300,30,text = "Canvas 绘制直线",font = ("Arial", 18))。绘制的文字对象为 id2,(300,30),为文本左上角的 x 坐标和文本左上角的 y 坐标,需要显示的文本内容是"Canvas 绘制直线",字体为 Arial,字号为 18。

【例 6-11】 创建一个绿色背景的 Canvas 画布,并在画布上绘制一条直线。程序代码如下:

```
from tkinter import *
root = Tk()
root.title("简单绘画")
root.geometry("400x300")
# width,height:设置画布的宽高,bg:设置背景色
can = Canvas(root,width = 400,height = 300,bg = "green")
# 绘制一条线,起点 -- 终点,线宽
can.create_line((0,0,200,200),width = 4)
# 绘制文字,前两个参数为字的位置
can.create_text(300,30,text = "Canvas 绘制直线",font = ("Arial", 18))
can.pack()                        # 布局方式
root.mainloop()                   # 进入消息循环
```

程序运行结果如图 6-16 所示。

图 6-16　Canvas 绘制直线运行结果

使用 create-rectangle()方法可以创建矩形对象。具体语法如下：

Canvas 对象.create_rectangle(矩形左上角的 x 坐标,矩形左上角的 y 坐标,矩形右下角的 x 坐标,矩形右下角的 y 坐标,选项,……)

创建矩形对象时,常用的选项如表 6-13 所示。

表 6-13　Canvas 创建矩形对象常用选项

选项	说明
outline	边框颜色
fill	填充颜色
width	边框宽度
dash	边框为虚线
stipple	使用自定义画刷填充矩形

【例 6-12】　创建矩形对象例子,要求矩形填充色为橘黄色,边框为红色,边框宽度为 2,矩形左上角点的坐标为(20,20),右下角坐标为(200,200)。程序代码如下：

```
from tkinter import *
root = Tk()
```

```
root.title("创建矩形")
rect = Canvas(root, width = 200, height = 200)
# 绘制矩形,填充色为橘黄色,边框为红色
rect.create_rectangle(20, 20, 200, 200, width = 2, fill = 'orange', outline = 'red')
rect.pack()                          # 布局方式
root.mainloop()                      # 进入消息循环
```

运行结果如图 6-17 所示。

图 6-17　Canvas 绘制直线运行结果

6.4　Python 事件处理

6.4.1　事件类型

事件是指由用户或系统触发的一个特定的操作。例如：用鼠标单击命令按钮,将会触发事件。一个对象包含很多个系统预先规定的事件。事件一旦被触发,系统就会去执行与该事件对应的程序。过程执行结束后,系统重新处于等待某事件发生的状态,这种程序执行方式称为应用程序的事件驱动工作方式。

```
<[modifier - ]>……type[ - detail]
```

事件类型必须放在< >内。type 描述了事件的类型,如单击、双击鼠标,按键；modifier 用于组合键的定义,如 control、alt；detail 用于定义是哪个键或按钮的事件,如 1 表示鼠标左键、2 表示鼠标中键、3 表示鼠标右键。例如：

```
<Button - 1>                          # 按下鼠标左键
<KeyPress - A>                        # 按下键盘上的 A 键
<Control - Shift - KeyPress - A>      # 同时按下了 Control、Shift、A 3 个键
```

Python 中的事件主要有：键盘事件(见表 6-14)、鼠标事件(见表 6-15)、窗体事件(见表 6-16)。

表 6-14　键盘事件

名称	描述
KeyPress	按下键盘某个按键时触发,可以在 detail 部分指定哪个键
KeyRelease	释放键盘某个按键时触发,可以在 detail 部分指定哪个键

表 6-15 鼠标事件

名 称	描 述
ButtonPress 或者 Button	按下鼠标某键,可以在 detail 部分指定是哪个键
ButtonRelease	释放鼠标某键,可以在 detail 部分指定是哪个键
Motion	选中组件的同时拖动组件移动时触发
Enter	当鼠标指针移动入到某组件时触发
Leave	当鼠标指针移除到某组件时触发
MouseWheel	当鼠标滚轮滚动时触发

表 6-16 窗体事件

名 称	描 述
Visibility	当组件变为可视状态时爆发
Unmap	当组件由显示状态变为隐藏状态时触发
Map	当组件由隐藏状态变为显示状态时触发
Expose	当组件从原本被其他组件遮盖的状态中暴露出来时触发
FocusIn	组件获得焦点时触发
FocusOut	组件失去焦点时触发
Configure	当改变组件大小时触发,如拖动窗体边缘
Propertly	当窗体的属性被删除或者改变时触发,属于 TK 的核心事件
Destroy	当组件被销毁时触发

6.4.2 事件处理函数

事件处理函数是为响应某个事件而调用的函数。事件处理函数一般带有一个 event 参数。触发事件调用事件处理函数时,将传递 Event 对象实例。

```
Def callback(event):
    Showinfo("Python 事件","定义事件处理函数")
```

Event 对象实例可以获取各种相关参数。Event 事件对象的主要参数属性如表 6-17 所示。

表 6-17 Event 事件对象的主要参数属性

参 数	描 述
x,y	鼠标相对于组件对象左上角的坐标
x_root,y_root	鼠标相对于屏幕左上角的坐标
keysym	字符串命名按键,如 Insert、Delete、Down、Left 等
keysym_num	数字代码命名按键
keycode	键码
time	时间
type	事件类型
widget	触发事件的对应组件
char	字符

6.4.3 事件绑定

程序建立一个处理某一事件的事件处理函数,称为绑定。

1. 指定

创建组件对象实例时,可以通过命名参数 command 指定事件处理函数。例如:

```
Def callback():
    Showinfo('单击按钮这个事件调用的该语句')
Button1 = Button(root,text = '设置 command 事件调用命令',command = callback)
Button1.pack()
```

2. 实例绑定

调用组件对象实例方法 bind() 可以为指定组件实例绑定事件,这是最常用的事件绑定方法。

```
组件对象实例名.bind("<事件类型>",事件处理函数)
```

假设声明一个名为 canvas 的 Canvas 组件对象,如果想在单击鼠标时在画布上画一条线,可以按照如下代码实现:

```
canvas.bind("<Button-1>",drawline)
```

其中,bind() 函数的第一个参数是事件描述符,指定无论什么时候,在 canvas 上单击鼠标时,就调用事件处理函数 drawline() 执行画线任务。

3. 标识绑定

在 Canvas 画布中绘制各种图形,可以使用标识绑定函数 tag_bind() 将图形与事件绑定。预先为图形定义标识 tag 后,通过标识 tag 来绑定事件。

【例 6-13】 在 Canvas 画布上绘制一条直线,在直线上单击鼠标时显示"Line 左键事件",右击鼠标时显示"Line 右键事件"。程序代码如下:

```
from tkinter import *
root = Tk()
#单击直线时触发事件
def printLine_L(event):
    print('Line 左键事件')
#右击直线时触发事件
def printLine_R(event):
    print('Line 右键事件')
root.title("事件绑定测试")                          #设置窗口名称
Cv = Canvas(root,width = 400,height = 300)          #设置画布尺寸
Cv.create_line((0,0,200,200),width = 4,tag = 'r1')  #绘制直线,标识设为 r1
Cv.tag_bind('r1','<Button-1>',printLine_L)          #绑定图形与鼠标左键事件
Cv.tag_bind('r1','<Button-3>',printLine_R)          #绑定图形与鼠标右键事件
Cv.pack()
root.mainloop()
```

单击直线时,输出 Line 左键事件,右击时,输出 Line 右键事件。程序运行结果如

图 6-18 所示。

图 6-18　识别绑定程序运行结果

本 章 小 结

本章主要介绍了 Python 图形界面设计，以 Tkinter 为例介绍了 GUI 常用的组件，如标签、按钮、列表框、对话框等，然后介绍了图形绘制 Canvas 画布的应用，最后介绍了 Python 事件处理。通过本章的学习，读者能够对 Python GUI 编程和 Tkinter 模块有一定的了解和掌握，为后续章节的学习打下良好的理论基础。

第 7 章　数据库应用

导学

作为一种通用性极强的程序设计语言,Python 在数据库应用领域也有着广泛的应用,受到数据库开发人员的广泛青睐。通过标准数据库接口 Python DB-API,Python 能够支持绝大多数的主流数据库,如 MySQL、Sybase、SQL Server、Oracle、SAP、SQLite 等。本章主要介绍结构化查询语言(SQL),讲解 Python 自带的轻量级关系型数据库 SQLite 的基本使用方法和应用实例,讲解 Python 访问主流数据库与存储海量文本数据的方法。

了解:SQLite 数据库的概念和基本用法,Python 访问主流数据库与存储海量文本数据的方法。

掌握:SQL 语句的基本用法,SQLite 数据库访问和编程方法。

数据库技术能够对大量信息进行存储、处理和管理,自 20 世纪 60 年代后期产生以来得到了迅速发展。目前,绝大多数的计算机应用系统离不开数据库技术的支持。近年来,Python 成为数据库技术应用的佼佼者。

7.1　结构化查询语言

结构化查询语言(Structured Query Language,SQL)即结构化查询语言,是通用的、非过程化的关系型数据库操作语言。SQL 集数据定义、数据操纵、数据控制三大功能为一体,可以完成数据库开发过程中的绝大部分工作。

7.1.1　SQL 基本语句

1. 创建表

CREATE TABLE 语句用于创建数据库中的表。

语法格式:

CREATE TABLE 表名(字段名 1 数据类型,字段名 2 数据类型,字段名 3 数据类型,…)

例如:创建名为 student 的表,包含 id、name、nickname、age、sex、address 6 个字段。其中 id 是主键,name 是不可以重复的,nickname 默认为 NULL。

```
create table student(id integer primary key,name varchar(10) UNIQUE,nickname text NULL,age integer,sex varchar(6),address varchar(20)
```

2. 删除表

DROP TABLE 语句用于删除表(表的结构以及索引也会被删除)。

语法格式:

DROP TABLE 表名

例如:删除 student 表。

```
drop table student
```

3. 清空表

DELETE FROM 语句用于清空(全部删除)表中的记录。

语法格式:

DELETE FROM 表名 WHERE 条件表达式

例如:清空 student 表中的所有记录。语句如下:

```
delete from student
```

4. 插入记录

INSERT INTO 语句用于向表中插入新的记录。

语法格式:

INSERT INTO 表名 (字段名1,字段名2,字段名3,…) VALUES(值1,值2,值3,…)

例如:向 student 表中插入一条新纪录,id=1,name='Jame',nickname='mio',age=25,sex='male',address='New York'。

```
insert into student values(1,'Jame','mio',25,'male','New York')
```

5. 更新记录

UPDATE 语句用于更新表中的记录。

语法格式:

UPDATE 表名 SET 字段名=新值 WHERE 条件表达式

例如:将 student 表中 id 为 1 的记录的 name 字段值更新为 Tom。

```
update student set name = 'Tom' where id = 1
```

7.1.2 SQL 查询语句

SQL 查询语句的基本语法格式如下:

SELECT 字段名表 FROM 表名 WHERE 查询条件 GROUP BY 分组字段 ORDER BY 排序字段 [ASC|DESC]

1. 字段名表

字段名表指出所查询的字段,它可以由一组字段、星号、表达式、变量等构成。

例如:查询 student 表中所有字段的数据。

```
select * from student
```

2. WHERE 子句

WHERE 子句设置查询条件,过滤掉不需要的记录。WHERE 子句可包括以下条件运算符:

(1) 比较运算符(比较大小):＞、＞=、＜、＜=、=、＜＞、!＞、!＜。

例如:查找 student 中姓名为"Tom"的 id 号。

```
select id from student where name = 'Tcm'
```

(2) 范围运算符(表达式是否在指定的范围内):BETWEEN … AND …、NOT BETWEEN…AND…。

例如:查找 student 中年龄在 20～25 岁的学生姓名。

```
select name from student where age between 20 and 25
```

(3) 列表运算符(判断表达式是否为列表中的指定项):IN(项1,项2,…)、NOT IN(项1,项2,…)。

例如:查找 student 中地址是 New York 或 Los Angeles 的学生姓名。

```
select name from student where address in('New York','Los Angeles')
```

(4) 逻辑运算符(用于逻辑运算):NOT、AND、OR。

```
select name from student where age > 20 and sex = 'female'
```

例如:查找 student 中年龄大于 20 岁的女性姓名。

(5) 模式匹配运算符(判断值是否与指定的字符通配符格式相符):LIKE、NOT LIKE。

例如:查找 student 中所有姓名以 S 开头的学生信息。

```
select * from student where name like 'S%'
```

说明:%可匹配任意类型和长度的字符,如果是中文,使用两个百分号即可。

3. 数据分组

GROUP BY 子句用于将查询到的数据依据某个字段的值进行分组。

例如:分别统计 student 表中男女学生的平均年龄。

```
selectsex,avg(age) as avg_age from student group by sex
```

这里 AVG(字段名)是库函数,常用的库函数如表 7-1 所示。

表 7-1 库函数的名称与功能

函数名	功能	函数名	功能
COUNT()	求查询结果的记录数	MAX()	求指定字段的最大值
SUM()	求指定数值型字段的总和	MIN()	求指定字段的最小值
AVG()	求指定数值型字段的平均值		

4. 查询结果排序

使用 ORDER BY 子句按照一个字段或多个字段对查询返回的结果排序。

例如：查找 student 表的姓名、性别、年龄字段，查询结果按照年龄降序排列。

```
select name,sex,age from student order by age DESC
```

7.2　SQLite3 数据库基础

1. SQLite3 简介

SQLite3 是一款轻量级的嵌入式关系型数据库，由 C 语言编写，支持 Windows/Linux/UNIX 等主流操作系统。SQLite3 体积小、易使用、可移植性强、高效而且可靠，广泛用于移动终端数据库的开发，如 Android、iOS 开发等。Python 程序自身集成了 SQLite3 数据库，可以直接访问。

2. SQLite3 的特点

（1）体积小：最低只需要几百 KB 的内存就可以运行。

（2）性能高：对数据库的访问性能高，其运行速度远快于 MySQL、PostgreSQL 等开源数据库。

（3）支持 SQL：SQLite3 支持 ANSI SQL92 中的大多数标准，提供了对子查询、视图、触发器等机制的支持。

（4）可移植性强：SQLite3 无须安装，能在 Windows、Linux、BSD、Mac OS、Solaries 等平台中运行。

（5）接口丰富：SQLite3 为 Python、C、Java、PHP 等多种程序设计语言提供了 API 接口，所有的应用程序都必须通过接口访问 SQLite 数据库。

3. SQLite3 的存储类型和数据类型

SQLite3 采用了动态的数据类型系统，会根据存入值自动判断数据类型，并且 SQLite3 的动态数据类型能够向后兼容其他数据库普遍采用的静态类型。每个存储在 SQLite3 数据库中的值都是表 7-2 中的一种存储类型。

表 7-2　SQLite3 的存储类型

存 储 类 型	描　　述
NULL	空值
INTEGER	带符号的整数，根据存入数值的大小占据 1B、2B、3B、4B、6B 或 8B
REAL	浮点值，采用 8B（双精度）的 IEEE 格式表示
TEXT	字符串文本，使用数据库编码（UTF-8、UTF-16BE 或 UTF-16LE）存储
BLOB	二进制大对象，例如图片、音乐、zip 文件

实际上，SQLite3 也支持表 7-3 所示的数据类型。这些数据类型在运算或保存时会转成表 7-2 所列出的 5 种存储类型之一。

SQLite3 使用的是弱数据类型，除了被声明为主键的 INTEGER 类型的字段外，允许保存任何类型的数据到所要保存的任何表的任何字段中。也就是说，数据的类型是由要存储的数值自身决定的,与字段的类型声明无关。但是为了代码的可阅读性以及兼容其他数据库引擎,不建议缺省字段的类型声明。

表 7-3　SQLite3 支持的数据类型

数 据 类 型	描　　述
smallint	16 位整数
interger	32 位整数
decimal(p,s)	p 是精确值,s 是小数位
float	32 位实数
double	64 位实数
char(n)	长度为 n 的字符串,n 不能超过 254
varchar(n)	长度不固定且其最大长度为 n 的字符串,n 不能超过 4000
graphic(n)	和 char(n) 一样,单位是两个字符,n 不能超过 127(中文字)
vargraphic(n)	可变长度且最大长度为 n
date	包含了年份、月份、日期
time	包含了小时、分钟、秒
timestamp	包含了年、月、日、时、分、秒、千分之一秒

7.3　Python 的 SQLite3 数据库编程

Python 2.5 以上版本内置了 SQLite3,在 Python 中使用 SQLite3,不需要安装任何软件,可直接使用。

7.3.1　访问数据库的步骤

1. 创建 SQLite3 数据库

可以使用可视化工具如 SQLite Manager 工具进行创建(在网上能够下载各种版本的 SQLite Manager),如图 7-1 所示。

2. 使用 SQLite3 数据库

在 Python 中使用 SQLite3 数据库,需要以下几个关键步骤:

(1) 导入 SQLite3 数据库模块。

Python 自带 SQLite3 模块,可直接导入。

```
import sqlite3
```

(2) 建立数据库连接,返回数据库连接对象。

使用 connect() 函数建立数据库连接,生成一个 connect 对象,以提供数据库操作。

```
conn = sqlite3.connect(数据库名称)
```

connect 对象有如下方法:

① cursor():创建游标对象。

② commit():提交当前事务。数据库执行增、删、改后必须执行 commit,否则操作无效。

图 7-1　使用 SQLite Manage 工具创建 SQLite3 数据库

③ rollback()：取消当前事务。

④ close()：关闭此 connect 对象，关闭后无法再进行操作，除非再次创建连接。

这里的事务可以认为是一整套操作，只要有一处纰漏就作废。

（3）创建游标对象。

游标是一种能从包含多条记录的结果集中每次提取一条记录的机制。

```
cur = conn.cursor()
```

cursor 对象有如下方法：

① excute(sql])：执行 SQL 语句。

② excute(sql,parameters])：执行带参数的 SQL 语句。

③ excutemany(sql, seq_of_parameters)：根据参数执行多次 SQL 语句。

④ excutescript(sql_script)：执行 SQL 脚本。

⑤ fetchone()：返回结果集的下一行，无数据时，返回 None。

⑥ fetchmany()：返回结果集的多行无数据时，返回空 List。

⑦ fetchall()：返回结果集中剩下的所有行无数据时，返回空 List。

⑧ close()：关闭此游标对象。

(4) 数据库的提交或回滚。

conn.commit()：事物提交。
conn.rollback()：事务回滚。

(5) 最后关闭游标对象和数据库连接对象。

cur.close()：关闭游标对象。
conn.close()：关闭数据库连接对象。

7.3.2 数据库应用实例

本实例设计了一个学生管理信息系统，实现学生信息录入、学生选课、学生信息和选课情况查询，以及界面设计的功能。

1. 学生信息录入模块

学生信息录入模块代码如下：

```
import sqlite3                                              # 导入 sqlite3 数据库接口模块
cx = sqlite3.connect('D:/student.db')                       # 连接数据库 student.db
cx.execute( '''CREATE TABLE StudentTable(                   # 创建 StudentTable 表

    ID          INTEGER     PRIMARY KEY     AUTOINCREMENT,
    StuId       INTEGER     NOT NULL,
    NAME        TEXT        NOT NULL,
    CLASS       INT         NOT NULL
);''')
print("Table created successfully!")                        # 显示创建成功信息
cx.execute('''CREATE TABLE CourseTable (                    # 创建 CourseTable 表
    CourseId        INT         NOT NULL,
    Name            TEXT        NOT NULL,
    Teacher         TEXT        NOT NULL,
    Classroom       TEXT        NOT NULL,
    StartTime       CHAR(11)    NOT NULL,
    EndTime         CHAR(11)    NOT NULL
);''')
cu = cx.cursor()                                            # 创建游标对象
CourseTable = [('1', 'Qt', 'ming', 602, 'Monday9:00', 'Monday11:00'),
               ('2', 'Linux', 'han', 605, 'Friday13:20', 'Friday14:20'),
               ('3', 'sqlite3', 'hah', 608, 'Thursday15:00', 'Thursday17:00'),
               ]
    cu.executemany("insert into CourseTable values(?, ?, ?, ?, ?, ?)", CourseTable)
                                                            # 插入课程信息
cx.commit()
print("Table created successfully!")                        # 显示插入成功信息
cx.execute('''CREATE TABLE XuankeTable(                     # 创建 XuankeTable 表
    ID          INTEGER     PRIMARY KEY     AUTOINCREMENT,
    StuId       INT         NOT NULL,
    CourseId    INT         NOT NULL
);''')
```

```
    print("Table created successfully")       #显示创建成功信息
def insert_stu():                             #插入学生信息
    cu = cx.cursor()
    stu_id = input("请输入学生学号:")
    cu.execute("select StuId from StudentTable where StuId = %s" % (stu_id))
    row = cu.fetchone()
    if row:
        print("Sorry,该学号已存在,请重新输入")
    else:
        stu_name = input("请输入学生姓名:")
        stu_class = input("请输入学生班级:")
        sql1 = "insert into StudentTable(StuId, NAME, CLASS)"
        sql1 += " values(%s, '%s', %s) " % (stu_id, stu_name, stu_class)
        cu.execute(sql1)
        cx.commit()
        print("恭喜你,学生录入成功!")
    cu.close()
```

执行界面如图 7-2 所示。

```
请输入学生学号:001
请输入学生姓名:Mike
请输入学生班级:1
恭喜你,学生录入成功!
```

图 7-2 学生信息录入界面

2. 学生选课模块

学生选课模块代码如下:

```
def xuanke():                                 #处理学生选课
    cu = cx.cursor()
    stu_id = input("请输入要选课的学生学号:")
    sql2 = "select StuId from StudentTable where StuId = %s" % (stu_id)
    cu.execute(sql2)
    row = cu.fetchone()
    if row:
        sql3 = "select CourseId, Name, Teacher, Classroom, StartTime, EndTime from CourseTable"
        cu.execute(sql3)
        rows = cu.fetchall()
        for row in rows:
            print("CourseId = ", row[0])
            print("Name = ", row[1])
            print("Teacher = ", row[2])
            print("Classroom = ", row[3])
            print("StartTime = ", row[4])
            print("EndTime = ", row[5], "\n")
        cou_id = input("请输入要选的课程号是:")
        sql0 = "select CourseId from CourseTable where CourseId = %s" % (cou_id)
        cu.execute(sql0)
        row = cu.fetchone()
```

```
            if row:
                '''sql = "select StuId CourseId from XuankeTable"
                sql += "where CourseId = %s and StuId = %s" % (cou_id,stu_id)
                cu.execute(sql)
                row = cu.fetchone()
                if row:
                    print("该课程已选,不能重复选课!")
                else:'''
                sql3 = "insert into XuankeTable (stuId,CourseId) values(%s,%s)" % (stu_id,cou_id)
                cu.execute(sql3)
                cx.commit()
                print("恭喜你,选课成功!")
            else:
                print("Sorry,该课程不存在!")
        else:
            print("Sorry,没有该学生号!")
    cu.close()
```

执行界面如图 7-3 所示。

```
请输入要选课的学生学号:001
CourseId = 1
Name = Qt
Teacher = ming
Classroom = 602
StartTime = Monday9:00
EndTime = Monday11:00

CourseId = 2
Name = Linux
Teacher = han
Classroom = 605
StartTime = Friday13:20
EndTime = Friday14:20

CourseId = 3
Name = sqlite3
Teacher = hah
Classroom = 608
StartTime = Thursday15:00
EndTime = Thursday17:00

请输入要选的课程号是:2
恭喜你,选课成功!
```

图 7-3 学生选课界面

3. 学生信息和选课情况查询模块

学生信息和选课情况查询模块代码如下:

```
def stu_id_search():                        #通过学生 Id,查询学生信息
    cu = cx.cursor()
    search_stu_id = input("请输入要查询的学号:")
    sql4 = "select ID,StuId,NAME,CLASS from StudentTable where StuId = %s" % (search_stu_id)
    cu.execute(sql4)
    row = cu.fetchone()
    cx.commit()
```

```python
        if row:
            sql5 = "select ID,StuId,NAME,CLASS from StudentTable"
            cu.execute(sql5)
            rows = cu.fetchall()
            for row in rows:
                print("---------")
                print("您要查询的学生信息为:")
                print("ID = ",row[0])
                print("StuId",row[1])
                print("NAME = ",row[2])
                print("CLASS = ",row[3],"\n")
        else:
            print("Sorry,没有该学生信息!")
        cu.close()


def stu_id_cou():                           #通过学生Id,查询课程信息
    cu = cx.cursor()
    stu_id = input("请输入要查询学生号: ")
    sql5 = "select StuId from StudentTable where stuId = %s" % (stu_id)
    cu.execute(sql5)
    row = cu.fetchall()
    if row:
        sql6 = "select * from XuankeTable a left join CourseTable b on a.CourseId = b.CourseId"
        cu.execute(sql6)
        rows = cu.fetchall()
        for row in rows:
            print("该学生所选课程为: ")
            print("StuId = ",row[1])
            print("CourseId = ",row[2])
            print("Name = ", row[4])
            print("Teacher = ", row[5])
            print("Classroom = ",row[6])
            print("StartTime = ",row[7])
            print("EndTime = ", row[8], "\n")
            print("-----------------")
    else:
        print("sorry,没有该学生选课信息!")
    cu.close()


def cou_id_serach():                        #通过课程Id,查询课程信息
    cu = cx.cursor()
    cou_id = input("请输入要查询的课程号:")
    sql7 = "select CourseId,Name,Teacher,Classroom,StartTime,EndTime from CourseTable where CourseId = %s" % (cou_id)
    cu.execute(sql7)
    row = cu.fetchone()
    if row:
        print("您要查询的课程信息为:")
        print("CourseId = ", row[0])
        print("Name = ", row[1])
```

```
        print("Teacher = ", row[2])
        print("Classroom = ", row[3])
        print("StartTime = ",row[4])
        print("EndTime = ", row[5], "\n")
    else:
        print("Sorry,没有该课程信息!")
    cu.close()

def cou_id_stu():                    #通过课程号,查询所选学生信息
    cu = cx.cursor()
    cou_id = input("请输入课程号:")
    sql8 = "select CourseId from XuankeTable where CourseId = %s" % (cou_id)
    cu.execute(sql8)
    row = cu.fetchone()
    if row:
        sql9 = "select * from XuankeTable a left join StudentTable b on a.StuId = b.StuId"
        cu.execute(sql9)
        rows = cu.fetchall()
        for row in rows:
            print("--------------------------------")
            print("选择该课程的学生为:")
            print("StuId = ", row[1])
            print("NAME = ", row[5])
            print("CLASS = ", row[6], "\n")
    else:
        print("Sorry,没有该课程信息!")
    cu.close()
```

执行界面如图7-4所示。

```
请输入要查询的课程号:1
您要查询的课程信息为:
CourseId = 1
Name = Qt
Teacher = ming
Classroom = 602
StartTime = Monday9:00
EndTime = Monday11:00
```

图7-4 学生信息和选课情况查询界面(按课程号查看课程信息)

4. 界面设计模块

界面设计模块代码如下:

```
def menu():                          #定义运行界面,供用户选择
    print("1.进入学生信息系统(学生信息录入)")
    print("2.进入学生选课系统(学生选课操作)")
    print("3.进入学生选课信息系统(学生信息查询和选课情况查询)")
    print("4.退出程序")

def student():
    print("1.录入学生信息")
```

```python
        print("2.返回主菜单")
def Course():
    print("1.开始选课")
    print("2.返回主菜单")
def information():
    print("1.按学号查询学生信息")
    print("2.按学号查看学生选课课程列表")
    print("3.按课程号查看课程信息")
    print("4.按课程号查看选课学生列表")
    print("5.返回主菜单")
while True:
    menu()
    print("----------------------")
    x = input("请输入您的选择菜单号:")
    if x == '1':                        #进入学生信息录入系统
        student()
        stu = input("您已进入学生信息录入系统,请再次输入选择菜单:")
        print("----------------------")
        if stu == '1':
            insert_stu()
            continue
        if stu == '2':
            continue
        else:
            print("输入的选项不存在,请重新输入!")
            continue
    if x == '2':                        #进入选课信息系统
        Course()
        cou = input("您已进入学生选课系统,请再次输入选择菜单: ")
        print("-------------------- ")
        if cou == '1':
            xuanke()
            continue

if cou == '2':
    continue
else:
    print("输入的选项不存在,请重新输入!")
    continue
if x == '3':                        #进入学生选课信息系统
    information()
    inf = input("您已进入学生选课信息系统,请再次输入选择菜单: ")
    print("-------------------- ")
    if inf == '1':
        stu_id_search()
        continue
    if inf == '2':
        stu_id_cou()
        continue
    if inf == '3':
```

```
            cou_id_serach()
            continue
        if inf == '4':
            cou_id_stu()
        else:
            print("输入的选项不存在,请重新输入!")
            continue
    if x == '4':                    #退出系统
        print("谢谢使用")
        exit()
    else:
        print("输入的选项不存在,请重新输入!")
        continue
```

执行界面如图 7-5 所示。

```
1.进入学生信息系统（学生信息录入）
2.进入学生选课系统（学生选课操作）
3.进入学生选课信息系统（学生信息查询和选课情况查询）
4.退出程序
----------------------
请输入您的选择菜单号：
```

图 7-5 主程序菜单运行界面

7.4 Python 访问主流数据库与存储文本数据

7.4.1 Python 访问主流数据库

1. Python DB-API

Python 可以通过数据库接口直接访问各种类型的数据库,这个数据库接口被称为 Python DB-API。DB-API 是一个规范,它定义了一系列必需的对象和数据库存取方式,以便为各种各样的底层数据库系统和多种多样的数据库接口程序提供一致的访问接口。

2. 连接 Oracle 数据库

【例 7-1】 Python 连接 Oracle 数据库。

代码如下：

```
pip install cx_Oracle                              # 安装 Oracle 数据库接口模块
import cx_Oracle                                   # 导入 Oracle 数据库接口模块
# 连接数据库,参数：用户名/密码@服务器 ip:端口号/实例名
conn = cx_Oracle.connect('reporter','password','localhost:1521/ORCL')
cursor = conn.cursor()                             # 创建游标对象
# 执行 SQL
sql = "select * from test"
cursor.execute(sql)
data = cursor.fetchall()                           # 获得查询结果
print(data)                                        # 打印查询结果
cursor.close()
```

```
conn.commit()                          # 提交事务
conn.close()                           # 关闭数据库连接
```

3. 连接 MySQL 数据库

【例 7-2】 Python 连接 MySQL 数据库。

代码如下：

```
pip install pymysql                    # 安装 MySQL 数据库接口模块
import pymysql                         # 导入 MySQL 数据库接口模块
# 连接数据库,host:服务器 ip user:用户名 password:密码 database:数据库名
conn = pymysql.connect(host = '192.168.4.196', user = 'root', password = 'password', database = 'test')
cur = conn.cursor()                    # 创建游标对象
# 执行 SQL
cur.execute("insert into test_py(id,user_account) values('100','admin')")
cur.execute("update test_py set user_account = 'test6' where id = '123'")
conn.commit()                          # 提交事务
# 执行 SQL
cur.execute("select * from test_py")
row = cur.fetchall()                   # 获得查询结果
print(row)                             # 打印查询结果
conn.close()                           # 关闭数据库连接
```

4. 连接 SQL Server 数据库

【例 7-3】 Python 连接 SQL Server 数据库。

代码如下：

```
pip install pymssql                    # 安装 Sql server 数据库接口模块
import pymssql                         # 导入 Sql server 数据库接口模块
# 连接数据库,host:服务器 ip\\实例名 user:用户名 password:密码 database:数据库名
conn = pymssql.connect(host = '192.168.4.196\\amsys', user = 'sa', password = '123', database = 'test')
cur = conn.cursor()                    # 创建游标对象
# 执行 SQL
cur.execute("insert into test_py(id,user_account) values('100861','admin')")
cur.execute("update test_py set user_account = 'test6' where id = '123'")
conn.commit()                          # 提交事务
# 执行 SQL
cur.execute("select * from test_py")
row = cur.fetchall()                   # 获得查询结果
print(row)                             # 打印查询结果
conn.close()                           # 关闭数据库连接
```

5. 连接 MongoBD 数据库

【例 7-4】 Python 连接 MongoDB 数据库。

代码如下：

```
pip install pymongo                    # 安装 MongoDB 数据库接口模块
import pymongo                         # 导入 MongoDB 数据库接口模块
```

```
# 调用PyMongo库里面的MongoClient,传入MongoDB的IP及端口,其中第一个参数为地址host,第二
个参数为端口port(如果不给它传递参数,默认是27017):
client = pymongo.MongoClient(host = 'localhost', port = 27017)
db = client.test                    # 指定数据库
collection = db.students            # 指定集合,集合类似于关系型数据库中的表
    collection = db['students']
# 新建一条学生数据,这条数据以字典形式表示
student = {
        'id': '20170101',
        'name': 'Jordan',
        'age': 20,
        'gender': 'male'
    }
# 插入数据
    result = collection.insert_one(student)
# 打印结果
    print(result)
```

7.4.2　Python存储文本数据

对于已有的大量文本数据,Python可以调用MongoDB进行结构化的存储,比如,将一个本地含有大量文本的txt文档中的文本内容全部读取,然后文本数据结构化,并存储每行的文字数。代码如下:

```
pip install pymongo                        # 安装MongoDB数据库接口模块
import pymongo                             # 导入MongoDB数据库接口模块
# 获取本地端口,激活Mongo客户端
client = pymongo.MongoClient('localhost',27017)
mydata = client['mydata']                  # 创建一个数据库
sheet_tab_one = mydata['sheet_tab_one']    # 创建一个表
# 处理一个本地的含有海量文本的txt文档,把文本内容全部读取,然后文本数据结构化,并存储每
行的文字数
# /Users/Cmucc/Bigdata/含有文本内容的文本文件.txt
path = '/Users/Cmucc/Bigdata/网络爬虫数据.txt'
with open(path,'r') as f:
    lines = f.readlines()
    for index,line in enumerate(lines):
        if len(line.split())> 0 :
            data = {
                'index':index,
                'line':line,
                'words':len(line.split())
            }
            print(data)
# 往表中插入数据的方法为insert_one,不会清除原有的数据,重复添加进去
            sheet_tab_one.insert_one(data)
# 展示数据库中的数据, $lt $lte $gt $gte $ne,依次等价于< <= > >= !=,l表示less,g表
示greater,e表示equal,n表示not
for item in sheet_tab_one.find({'index':{'$lt':5}}):
    print(item)
```

本 章 小 结

作为一款通用的极强的程序开发语言，Python 支持绝大多数的主流数据库接口。用户可以根据自己的项目需求选择合适的数据库，然后在 Python DB-API 中下载安装对应的接口插件。Python 对数据库的访问流程大致如下：首先引入数据库 API 模块，然后进行数据库连接，再执行 SQL 语句或者存储过程，最后关闭数据库连接。通过本章的学习，用户能够基本掌握数据库、结构化查询语言（SQL）及 SQLite 的相关知识，并能够开发小型的 Python 数据库应用项目。

第 8 章　网络与多线程

导学

Python 提供了强大的网络编程通信模块,在各计算机间进行数据传输,即进程之间的通信。Python 利用访问底层网络的 socket 接口方法实现了常用的网络协议,利用 socket 对象在通信的双方之间建立了相互传递数据的管道。本章将详细介绍 Python 网络编程的基础概念和 socket 程序开发基本流程及两种通信协议 TCP、UDP 的网络类型的编程方法,以及多线程编程的基本思想和线程同步的方法。

了解:网络协议、客户端/服务器架构、socket、网络基础知识,多线程基本概念。

掌握:socket 编程方法、TCP 和 UDP 编程,多线程创建,多线程并发控制。

利用 Python 进行网络和多线程编程,无须关心网络通信线路传输问题,可以专注于程序的逻辑设计,简化了开发步骤,节约了开发时间。

8.1　网络编程理论基础

8.1.1　软件体系结构

程序之间的通信可以分为应用类和 Web 类。应用类如 QQ、微信等,需要安装应用程序;Web 类如百度、知乎、新浪等,打开浏览器就可以直接访问。这两种分类对应于两种软件体系结构模式。

C/S 模式(Client/Server)即客户端与服务器端模式,客户端一般泛指客户端应用程序,程序需要先安装,才能运行在用户的计算机上,对用户的计算机操作系统环境依赖较大。C/S 模式的网络通信如图 8-1 所示。

B/S 模式(Browse/Server)即浏览器端与服务器模式,浏览器其实也是一种特殊客户端,只是这个客户端不需要安装应用程序,只需在浏览器上通过 HTTP 请求服务器端的网页资源,浏览器就能进行增删改查。B/S 模式的网络通信如图 8-2 所示。

服务器可以向一个或多个客户端提供所需要的服务。服务器等待客户的请求,给这些客户服务,然后再等待其他的请求。比如,Web 服务器存放一些网页或 Web 应用程序,启动服务后等待客户端请求,把网页发给客户端的浏览器。服务器再等待下一个客户端请求,如果没有关机或未受外界的干扰,服务器可以长时间稳定地运行。另外,客户端可以连上一个服务器,提出自己的请求,发送必要的数据,然后等待服务器的完成请求或说明失败原因的反馈。服务器可以不停地处理客户端的请求,而客户端一次只能提出一个服务的请求,然后等待结果。只有结束一个请求处理后,客户端才可以再提出其他的请求,只是这个请求会

图 8-1　C/S 模式的网络通信

图 8-2　B/S 模式的网络通信

被视为另一个不同的事务。

8.1.2　IP

在互联网上进行网页浏览、QQ 聊天、收发邮件等都需要不同主机间的通信。通信的双方必须要知道对方的网络标识。在互联网中利用 IP 地址可以唯一标识每台联网的主机。IP 地址是 IP 提供的一种统一的地址格式，它为互联网上的每一个网络和每一台主机分配一个逻辑地址，以此来屏蔽物理地址的差异。常见的 IP 地址，分为 IPv4 与 IPv6 两大类。

IPv4 中规定 IP 地址长度为 32 位，一般的写法为 4 个用小数点分开的十进制数，如 192.168.100.10。

IPv6 是用于替代现行 IPv4 的下一代 IP 协议。IPv6 地址为 128 位长，通常写作 8 组，每组为 4 个十六进制数，如 FE80：0000：0000：0000：AAAA：0000：00C2：0002。

IP 协议通过网络在不同的主机间进行数据传输。数据被分割成很多数据包的形式，IP 协议规定了数据传输时的基本单元和格式，还定义了数据包的递交办法和路由选择。

8.1.3 端口

一台拥有 IP 地址的主机可以运行许多网络程序，比如浏览器、电子邮件等，这些程序完全可以通过一个 IP 地址来访问。外部计算机主机需要区分不同网络程序，通过端口号来进行标识。端口号相当于每个程序的门牌号。每个网络程序都向操作系统申请唯一的端口号，两个进程在两台计算机之间建立网络连接需要各自的 IP 地址和各自的端口号。端口号按照一定的规则进行分配：

系统保留端口（从 0 到 1023）。这些端口都有确切的定义，对应于因特网上常见的一些服务，例如：80 端口代表 Web 服务，21 对应于 FTP，25 对应于 SMTP（简单邮件传送协议），110 对应于 POP3（下载电子邮件的电子协议）等。

动态端口（从 1024 到 65 535）。这些端口一般不固定分配某种服务，当系统程序或应用程序需要网络通信时，主机从可用的端口号中分配一个供它使用。程序关闭的同时也释放占用的端口号。

8.1.4 HTTP 协议

HTTP 协议是 Hyper Text Transfer Protocol（超文本传送协议）的缩写，是用于从万维网服务器传输超文本到本地浏览器的传送协议。超文本包括 HTML 文件、图片文件、查询结果等。

HTTP 协议工作于客户-服务模式上。浏览器作为 HTTP 客户端通过 URL 向 HTTP 服务端即 Web 服务器发送所有请求。Web 服务器根据接收到的请求，向客户端发送响应信息。HTTP 默认端口号为 80，也可以改为其他端口。

一个 HTTP 客户端是一个应用程序（Web 浏览器或其他任何客户端），通过连接服务器达到向服务器发送一个或多个 HTTP 请求的目的。客户端发送到服务器的请求消息包括请求行（Request Line）、请求头部（Header）、空行和请求数据 4 个部分。

一个 HTTP 服务器通常是一个 Web 服务，通过接收客户端的请求并向客户端发送 HTTP 响应数据。HTTP 响应也由 4 个部分组成，即状态行、消息报头、空行和消息正文，如图 8-3 所示。

图 8-3 HTTP 服务器响应消息

8.1.5　TCP 和 UDP 协议

TCP(传输控制协议)是基于 IP 上的面向连接的协议,也就是说在和对方通信正式收发数据前必须和对方建立可靠的连接,保证数据包按顺序到达。对可靠性要求高的数据通信系统往往使用 TCP 协议,如 FTP(文件传送协议)、HTTP(超文本传送协议)等。

UDP 协议是面向非连接的通信协议,不必与对方先建立连接,不管对方状态直接发送数据,也不能保证数据包能否正确到达,但通信效率比 TCP 高。如 QQ 就使用 UDP 发送消息,因此有时会出现接收不到消息的情况。

8.1.6　socket 套接字

socket 通常也称作"套接字",是应用层与 TCP/IP 协议族通信的中间软件抽象层,它是一组接口,以使不同主机或同一主机上的不同进程进行通信。它把复杂的 TCP/IP 协议族隐藏在 socket 接口后面,对用户来说无须深入理解 TCP 和 UDP 协议,socket 已经封装好了,用户只需要遵循 socket 的规定去编写程序,就可以实现网络通信功能。socket 抽象层在网络模型中的功能如图 8-4 所示。

图 8-4　socket 抽象层在在网络模型中的功能

通常用一个 socket 表示打开一个网络链接,指定通信协议的类型是 TCP 还是 UDP。在 Python 中,socket 模块中的 socket()函数被用来创建套接字。语法如下:

socket(socket_family, socket_type[, protocol])

(1) family:套接字家族,可以使用 AF_UNIX 或者 AF_INET,参见表 8-1。

(2) type:套接字类型可以根据是面向连接的还是非连接分为 SOCK_STREAM 或 SOCK_DGRAM,参见表 8-2。

(3) protocol:一般不填,默认为 0。

表 8-1 family 常用参数

Family 参数	描述
socket.AF_UNIX	只能够用于单一的 UNIX 系统进程间通信
socket.AF_INET	服务器之间网络通信
socket.AF_INET6	IPv6

表 8-2 type 常用参数

Type 参数	描述
socket.SOCK_STREAM	流式 socket，当使用 TCP 时选择此参数
socket.SOCK_DGRAM	数据报式 socket，当使用 UDP 时选择此参数
socket.SOCK_RAW	原始套接字，普通的套接字无法处理 ICMP、IGMP 等网络报文，而 SOCK_RAW 可以。SOCK_RAW 也可以处理特殊的 IPv4 报文。此外，利用原始套接字，通过 IP_HDRINCL 套接字选项由用户构造 IP 头
socket.SOCK_SEQPACKET	可靠的连续数据包服务

1. 创建 TCP 的 socket

创建 TCP 的 socket，代码如下：

```
import socke
s = socket.socket(socket.AF_INET,socket.SOCK_STREAM)
```

TCP 类型套接字 socket 在通信前需要建立连接，这种连接是较为可靠的。图 8-5 为面向连接的 TCP 时序图。

服务器和客户端建立通信过程需要服务器端先调用 socket() 建立一个套接字 socket 进行初始化，然后利用 bind() 与本机指定的端口绑定，调用 listen() 对端口进行监听处于准备接收连接状态，在这时如果有个客户端初始化一个 socket，可以调用 connect() 连接服务器，服务器调用 accept() 接收用户连接，此时，客户端与服务器的连接就建立了。客户端发送数据请求，服务器接收、处理请求，然后把回应数据发送给客户端。客户端读取数据，调用 closeSocket() 关闭连接，一次交互结束。服务器在连接一个客户端的同时可以继续监听指定端口，并发出阻塞，直到下一个请求出现，从而实现与多个客户机的连接。

2. 创建 UDP 的 socket

```
import socket
s = socket.socket(socket.AF_INET,socket.SOCK_DGRAM)
```

UDP 类型的套接字无须连接只需要知道对方的 IP 地址和端口号就可以进行通信，速度较快，但是可靠性不高。而且数据是整个发送，不会分成小块。图 8-6 为无连接 UDP 时序图。

UDP 是无连接的，先启动哪一端都不会报错，也不需要监听，只需要用 bind() 绑定对方的 IP 地址和端口号（在图 8-6 中用虚线表示），就可以直接发送数据。客户端仅调用 sendTo() 就可以向服务器发送数据。服务器也只是调用 recvFrom() 等待和接收客户端发来的数据，调用 sendTo() 向客户端发送应答。

图 8-5　面向连接的 TPC 时序图

图 8-6　无连接的 UDP 时序图

Python 中常用的服务器端的 socket 对象函数如表 8-3 所示。

表 8-3 服务器端的 socket 函数

函 数	描 述
s.bind(address)	将套接字绑定到地址，在 AF_INET 下，以元组(host,port)的形式表示地址
s.listen(backlog)	开始监听 TCP 传入连接。backlog 指定在拒绝连接之前，操作系统可以挂起的最大连接数量。该值至少为 1，大部分应用程序中设为 5 即可
s.accept()	接受 TCP 连接并返回(conn,address)，其中 conn 是新的套接字对象，可以用来接收和发送数据。address 是连接客户端的地址

Python 中常用客户端的 socket 对象函数如表 8-4 所示。

表 8-4 客户端的 socket 函数

客户端 socket 函数	描 述
s.connect(address)	连接到 address 处的套接字。一般 address 的格式为元组(hostname,port)，如果连接出错，则返回 socket.error 错误
s.connect_ex(adddress)	功能与 connect(address)相同，但是若成功则返回 0，若失败则返回 errno 的值，而不是抛出异常

Python 中常用的公共 socket 对象函数如表 8-5 所示。

表 8-5 公共 socket 函数

公共 socket 函数	描 述
s.recv(bufsize[,flag])	接受 TCP 套接字的数据，数据以字符串形式返回，bufsize 指定要接收的最大数据量。flag 提供有关消息的其他信息，通常可以忽略
s.send(string[,flag])	发送 TCP 数据。将 string 中的数据发送到连接的套接字。返回值是要发送的字节数，该数量可能小于 string 的字节大小
s.sendall(string[,flag])	完整发送 TCP 数据。将 string 中的数据发送到连接的套接字，但在返回之前会尝试发送所有数据。若成功则返回 None，若失败则抛出异常
s.recvfrom(bufsize[.flag])	接受 UDP 套接字的数据。与 recv()类似，但返回值是(data,address)。其中 data 是包含接收数据的字符串，address 是发送数据的套接字地址
s.sendto(string[,flag],address)	发送 UDP 数据。将数据发送到套接字，address 是形式为(ipaddr,port)的元组，指定远程地址。返回值是发送的字节数
s.close()	关闭套接字
s.getpeername()	返回连接套接字的远程地址。返回值通常是元组(ipaddr,port)
s.getsockname()	返回套接字自己的地址。通常是一个元组(ipaddr,port)
s.setsockopt(level,optname,value)	设置给定套接字选项的值
s.getsockopt(level,optname[.buflen])	返回套接字选项的值
s.settimeout(timeout)	设置套接字操作的超时期，timeout 是一个浮点数，单位是秒。值为 None 表示没有超时期。一般，超时期应该在刚创建套接字时设置，因为它们可能用于连接的操作(如 connect())
s.gettimeout()	返回当前超时期的值，单位是秒，如果没有设置超时期，则返回 None

公共 socket 函数	描述
s.fileno()	返回套接字的文件描述符
s.setblocking(flag)	如果 flag 为 0,则将套接字设为非阻塞模式,否则将套接字设为阻塞模式(默认值)。非阻塞模式下,如果调用 recv() 没有发现任何数据,或 send() 调用无法立即发送数据,那么将引起 socket.error 异常
s.makefile()	创建一个与该套接字相关联的文件

8.2 TCP 编程实现

在网络通信应用程序中很多连接都是应用可靠的 TCP 连接,如文件传送协议 FTP、远程登录 TELNET、电子邮件 SMTP、POP3、网络协议 HTTP 等。创建 TCP 连接时,主动发起连接的是客户端,被动响应连接的是服务器。

8.2.1 利用 TCP 客户端获取网页内容

当用户使用浏览器访问网页时,用户的计算机就是客户端,用户的浏览器向网页的服务器主动发起连接,如果网页所在的服务器响应了连接要求,就建立了一个 TCP 连接。以后通信的内容就是发送网页。

【例 8-1】 访问百度首页的 TCP 客户端程序。

获取百度首页客户,代码如下:

```
import socket                                          # 导入 socket 模块
s = socket.socket(socket.AF_INET,socket.SOCK_STREAM)   # 创建一个 socket
s.connect(('www.baidu.com',80))                        # 建立与百度的连接
# 发送数据请求
s.send(b'GET / HTTP/1.1\r\nHost: www.baidu.com\r\nConnection:close\r\n\r\n')
# 接收数据
buffer = []
while True:
    d = s.recv(1024)                                   # 每次最多接收服务器端 1KB 数据
    if d:                                              # 判断是否为空数据
        buffer.append(d)                               # 将从服务器得到的数据追加到列表中
    else:
        break                                          # 返回空数据,表示接收完毕.
s.close()                                              # 关闭连接
data = b''.join(buffer)
header, html = data.split(b'\r\n\r\n',1)               # 将网页中 HTTP 头部和网页内容分离
print(header.decode('utf-8'))                          # 将网页中 HTTP 头部信息输出
# 把接收网页内容写入 baidu.html 文件中
with open('baidu.html','wb') as f:
    f.write(html)
```

客户端程序打印出了百度首页 HTTP 头部信息(部分内容),运行结果如下:

```
HTTP/1.1 200 OK
Accept-Ranges: bytes
Cache-Control: no-cache
Content-Length: 14615
Content-Type: text/html
Date: Fri, 18 May 2019 02:40:29 GMT
Last-Modified: Fri, 11 May 2018 09:27:00 GMT
P3p: CP = " OTI DSP COR IVA OUR IND COM "
Pragma: no-cache
Server: BWS/1.1
```

TCP 客户端的 socket 连接编程流程为：
(1) 创建套接字。

```
socket.socket(socket.AF_INET,socket.SOCK_STREAM)
```

AF_INET 指定使用 IPv4 地址，SOCK_STREAM 指定使用面向流的 TCP 协议。
(2) 连接远端地址。

```
s.connect(('www.baidu.com',80))
```

创建套接字对象后，客户端要主动发起 TCP 连接需要知道百度服务器的 IP 地址和端口号。百度网的 IP 地址可以通过域名 www.baidu.com 自动转换得到。端口 80 是 Web 服务器的标准端口，直接使用即可。connect()函数的参数是一个元组，包含地址和端口号。
(3) 连接后向服务器发送请求，要求返回首页的内容数据。

```
s.send(b'GET / HTTP/1.1\r\nHost: www.baidu.com\r\nConnection: close\r\n\r\n')
```

HTTP 协议规定客户端必须先发请求给服务器，服务器收到后才能给客户端发送数据。

b'GET / HTTP/1.1\r\nHost：localhost\r\n\r\n' 是一个遵守 HTTP 协议标准请求格式的数据包，字符串前加一个 b，表示字符串将以字节的方式输出。
(4) 从服务器接收数据。

```
recv()
```

recv(max)指一次最多接收的指定的字节数，数据以字符串形式返回。通过 while 循环反复接收，直到 recv()返回空，表示接收完毕。
(5) 传输完毕后，关闭套接字。

```
s.close()
```

(6) 对数据的处理。

```
data = b''.join(buffer)
```

这句语句的意思就是使用空字节把 buffer 这个字节列表连接在一起，成为一个新的字节串。b''是一个空字节,join 是连接列表的函数。例如:b''.join([b'ab',b'cd',b'ef'])转换后为 b'abcdef'。buffer 是一个不断接收到的串的列表。

```
header,html = data.split(b'\r\n\r\n',1)
```

接收到的数据包括 HTTP 头和网页本身,需要将 HTTP 的头部和网页分离,以'\r\n\r\n'分割且只分割一次。

```
print(header.decode('utf-8'))
```

decode('utf-8')以 utf-8 编码将字节串转换成字符串。

```
with open('baidu.html','wb') as f:
    f.write(html)
```

以写的方式打开文件'baidu.html',写入信息。

8.2.2 TCP 服务器端编程

服务器端编程和客户端编程相比,要复杂一些。服务器进程要绑定一个端口并监听来自客户端的连接。如果服务器连接了某个客户端,就是与该客户端建立 socket 连接。

【例 8-2】 编写一个简单的 TCP 服务程序,接收客户端的连接,把从客户端输入的一行字符串转换为小写,再发送回客户端。

完整的 TCP 服务器端程序,代码如下:

```python
import socket
import time                                          # 导入时间模块

def TCP(sock, addr):                                 # TCP 服务器端处理逻辑
    print('接收一个来自 %s:%s 连接请求.' % addr)      # 接受新的连接请求
    while True:
        data = sock.recv(1024)                       # 接受其数据
        time.sleep(1)                                # 延迟
        if not data or data.decode() == 'quit':      # 如果数据为空或者'quit',退出
            break
        sock.send(data.decode('utf-8').lower().encode())  # 发送变成小写后的数据
    sock.close()                                     # 关闭连接
    print('来自 %s:%s 连接关闭了.' % addr)
s = socket.socket(socket.AF_INET, socket.SOCK_STREAM)  # 创建 socket
s.bind(('127.0.0.1', 10022))                         # 绑定本机 IP 和任意端口(>1024)

s.listen(1)                                          # 监听,等待连接的最大数目为 1
print('服务器正在运行...')
while True:
    sock, addr = s.accept()                          # 接收一个新连接
    TCP(sock, addr)                                  # 处理连接函数
```

TCP 服务器的 socket 连接编程流程为:

(1) 创建基于 IPv4 和 TCP 协议的套接字。

```
socket.socket(socket.AF_INET,socket.SOCK_STREAM)
```

(2) 绑定套接字到本地 IP 与端口。

```
s.bind(('127.0.0.1', 10022))
```

127.0.0.1 是一个特殊的 IP 地址,表示本机。如果绑定到这个地址,客户端也必须同时在本机运行才有效。

绑定 IP 地址的同时还要绑定端口号,由于本程序的服务不是标准服务,可以任意选用大于 1024 和小于等于 65 535 之间的整数作为端口。

(3) 开始监听连接。

```
s.listen(1)
```

s.listen(1)中的参数 1 表示制定等待连接的最大数量为 1,只能和一个客户端通信。如果参数大于 1,则表示可以连接多个客户端。

(4) 进入循环,不断接受客户端的连接请求。

```
while True:
    sock, addr = s.accept()
    TCP(sock, addr)
```

服务器程序通过一个无限循环来接收客户端的连接,accept()会等待并接收连接,返回结果为(conn,address)形式,其中 conn 是新的套接字对象,可以用来接收和发送数据。address 是连接客户端的地址。

(5) 接收传来的数据,并发送给对方数据。

```
ef TCP(sock, addr):
    print('接收一个来自 %s:%s 连接请求.' % addr)
    while True:
        data = sock.recv(1024)
        time.sleep(1)
        if not data or data.decode() == 'quit':
            break
        sock.send(data.decode('utf-8').lower().encode())
    sock.close()
    print('来自 %s:%s 连接关闭了.' % addr)
```

TCP()是自定义函数,用来接收和发送数据。连接建立后,服务器先发送一条欢迎消息,然后接收客户端传来的字符串,将大写字母转换为小写字母后再发送给客户端。如果客户端发送的是 quit,就直接关闭连接。

发送的数据 data 需先解码,再按 utf-8 编码,encode()其实就是 encode('utf-8')。

(6) 传输完毕后,关闭套接字。

```
s.close()
```

为了测试这个服务器程序,还要编写一个客户端程序。客户机从其套接字中读取修改后的字符串,然后将该行在其标准输出(监视器)上打印出来,代码如下:

```
import socket
s = socket.socket(socket.AF_INET, socket.SOCK_STREAM)    #创建一个 socket
s.connect(('127.0.0.1', 10022))                          #建立连接
while True:                                              #接受多次数据
    data = input('请输入要发送的数据:')                    #接收数据
    if data == 'quit':                                   #如果为'quit',则退出
        break
    s.send(data.encode())                                #发送编码后的数据
        print(s.recv(1024).decode('utf-8'))              #打印接收到的小写数据
s.send(b'quit')                                          #放弃连接
s.close()                                                #关闭 socket
```

打开两个程序窗口,一个运行 TCP 服务器端程序,另一个运行 TCP 客户端程序,即可看到如下效果。

服务器端程序运行结果:

```
服务器正在运行...
接收一个来自 127.0.0.1:51307 连接请求.
来自 127.0.0.1:51307 连接关闭了.
```

客户端程序运行结果:

```
请输入要发送的数据:HELLO PYTHON!!!!
Hello python!!!!
请输入要发送的数据:quit
```

注意:客户端程序运行结束后就会退出,而服务器程序如果没有外界干预会永远运行下去,必须按 Ctrl+C 键退出程序。

同一个端口被一个 socket 绑定以后,就不能被其他的 socket 绑定。

8.3 UDP 编程实现

使用 UDP 协议时,不需要建立连接,每个数据报都是一个独立的信息,只需要知道对方的 IP 地址和端口号,就可以直接发数据包。但能否到达目的地,到达目的地的时间以及内容的正确性都是不能被保证的。虽然用 UDP 传输数据不可靠,但它的优点是和 TCP 比,速度快,对于不要求可靠到达的数据,就可以使用 UDP 协议。

8.3.1 UDP 单客户端编程

【例 8-3】编写一个应用 UDP 协议实现的服务器和客户端通信程序,完成与例 8-2 同样的功能,服务器把从客户端输入的一行字符串转换为小写,再发送回客户端,服务器端的代码如下:

```
import socket
s = socket.socket(socket.AF_INET, socket.SOCK_DGRAM)    #创建一个 socket
s.bind(('127.0.0.1', 10021))                             #绑定 IP 地址及端口
```

创建 socket 时,SOCK_DGRAM 参数制定了 socket 的类型是 UDP。只需要绑定 IP 地址和端口,不需要进行端口的监听,直接接收来自客户端的数据。

```
print('绑定 UDP 在 10021 端口...')
while True:
    #获得数据和客户端的地址与端口,一次最大接收 1KB
    data, addr = s.recvfrom(1024)
    print('接收 %s:%s 的数据.' % addr)
    s.sendto(data.decode('utf-8').lower().encode(), addr)    #将数据变成小写送回客户端
```

recvfrom()与 recv()类似,但返回值是(data,address)。其中 data 是包含接收数据的字符串,address 是发送数据的套接字地址。

客户端的 UDP 程序,代码如下:

```
import socket
s = socket.socket(socket.AF_INET, socket.SOCK_DGRAM)
addr = ('127.0.0.1', 10021)                              # 服务器端地址
while True:
    data = input('请输入要处理的数据:')                     # 获得数据
    if not data or data == 'quit':
        break
    s.sendto(data.encode(), addr)                         # 发送到服务端
    recvdata, addr = s.recvfrom(1024)                     # 接收服务器端发来的数据
    print(recvdata.decode('utf-8'))                       # 解码打印
s.close()                                                 # 关闭 Socket
```

客户端的 UDP 通信程序,先要创建基于 UDP 的 socket,但不需要和服务器建立连接,直接通过 sendto()给服务器发送程序。从服务器接收数据也使用 recvfrom()方法。

打开两个程序窗口,一个运行 UDP 服务器端程序,另一个运行 UDP 客户端程序,即可看到如下效果。

服务器端程序运行结果:

```
绑定 UDP 在 10021 端口...
接收 127.0.0.1:50348 的数据.
```

客户端程序运行结果:

```
请输入要处理的数据:HeLLo PYthoN!!!
Hello python!!!
请输入要处理的数据:quit
Process finished with exit code 0
```

8.3.2　UDP多客户端编程

【例8-4】 编写一个应用UDP协议实现的服务器和多个(两个)客户端通信的程序,服务器端显示两个客户端分别传递的信息,两个客户端显示服务器的回复信息。服务器端的代码如下:

```python
import socket
s = socket.socket(socket.AF_INET,socket.SOCK_DGRAM)   # 创建一个socket
s.bind(('127.0.0.1',8080))                            # 绑定IP地址和端口
print("Server Start")
while True:
    # 接收到客户端的信息和地址
    msg,addr = s.recvfrom(1024)
    print("接收%s:%s的数据."% addr)
    str_msg = msg.decode('utf-8')
    print(addr,str_msg)
    info = "Hello ! Sever is speaking "
    # 将服务器的信息回复给客户端
    s.sendto(info.encode(),addr)
```

客户端1的代码如下:

```python
import socket
s = socket.socket(socket.AF_INET,socket.SOCK_DGRAM)   # 创建一个socket
ip_port = ('127.0.0.1',8080)                          # 服务器的地址和端口
while True:
    info = input("请输入client1的数据")                  # 输入数据
    if not info or info == "quit":
        break
    info = "来自client1的消息: " + info
    s.sendto(info.encode(), ip_port)                  # 发送到服务器端
    msg,addr = s.recvfrom(1024)                       # 获得服务器端的信息
    str_msg = msg.decode('utf-8')
    print(str_msg)
sk.close()
```

客户端2的代码如下:

```python
import socket
s = socket.socket(socket.AF_INET,socket.SOCK_DGRAM)   # 创建一个socket
ip_port = ('127.0.0.1',8080)                          # 服务器的地址和端口
while True:
    info = input("请输入client2的数据")                  # 输入数据
    if not info or info == "quit":
        break
    info = "来自client2的消息: " + info
    s.sendto(info.encode(), ip_port)                  # 发送到服务器端
    msg,addr = s.recvfrom(1024)                       # 获得服务器端的信息
    str_msg = msg.decode('utf-8')
```

```
        print(str_msg)
sk.close()
```

服务器端运行结果：

```
Server Start
接收 127.0.0.1:51061 的数据.
('127.0.0.1', 51061) 来自 client1 的消息: I am client1!
接收 127.0.0.1:51062 的数据.
('127.0.0.1', 51062) 来自 client2 的消息: I am client2!
```

客户端 1 程序运行结果：

```
请输入 client1 的数据 I am client1!
Hello! Sever is speaking
请输入 client1 的数据 quit
Process finished with exit code 0
```

客户端 2 程序运行结果：

```
请输入 client2 的数据 I am client2!
Hello! Sever is speaking
请输入 client2 的数据 quit
Process finished with exit code 0
```

8.4 多线程编程

线程是被操作系统独立调度的基本单位，程序可以拆分成多个并发运行的线程，即线程提供了多任务处理的能力。进程是操作系统分配资源的最小单元，线程是操作系统调度的最小单元。现在的大型应用软件基本都是多线程多任务处理，掌握多线程多任务设计方法对提高软件的并行性有着重要的意义。

8.4.1 进程和线程原理

1. 概念

现代操作系都是支持"多任务"的操作系统。多任务就是操作系统可以同时运行多个任务。例如，用户在用浏览器上网的同时还在使用 QQ 聊天，可能还用音乐播放器听着音乐。这样在计算机上至少同时有 3 个任务正在运行，可能还有很多任务在后台同时运行。这种多任务形式不仅多核 CPU 可以实现，单核 CPU 通过操作系统轮流让各个任务快速交替执行也能让人产生所有任务都在同时执行的错觉。

对于操作系统来说，一个任务就是一个进程（Process），进程是操作系统中正在执行的应用程序的一个实例。比如，打开一个浏览器就是启动一个浏览器进程，打开一个 Word 就启动了一个 Word 进程。

一些进程还可以同时进行多种任务，比如 Word，它可以同时进行打字、拼写检查、打印等。这就需要这个进程同时运行多个"子任务"，这些"子任务"称为线程（Thread）。

每个进程至少包含一个线程,叫主线程。它从程序开始时执行,主线程在运行过程中还可以创建新的线程,实现多线程。

2. 进程和线程的关系

(1) 一个线程只能属于一个进程,而一个进程可以有多个线程,但至少有一个线程。

(2) 资源分配给进程,同一进程的所有线程共享该进程的所有资源。

(3) CUP 分给线程,即真正在 CUP 上运行的是线程。

(4) 线程在执行过程中,需要协作同步。不同进程的线程间要利用消息通信的办法实现同步。

3. 进程和线程的区别

(1) 调度:线程作为调度和分配的基本单位,进程作为拥有资源的基本单位。

(2) 并发性:不仅进程之间可以并发执行,同一个进程的多个线程之间也可并发执行。

(3) 拥有资源:进程是拥有资源的一个独立单位,线程不拥有系统资源,但可以访问隶属于进程的资源。

4. 多线程的优点

(1) 使用多线程可以把时间占用过长的程序任务放到后台去处理。

(2) 加快程序的运行速度。

(3) 提高用户使用程序的舒适度,比如,当处理需要一定等待时间的事件时,可以弹出进度条来显示处理的进度。

8.4.2 创建线程的两种方法

有两个方法支持在 Python 3 中使用线程:_thread 模块和 Thread 类。

1. _thread 模块创建线程

调用_thread 模块中的 start_new_thread()函数来产生新线程。语法格式如下:

```
thread.start_new_thread ( function, args[, kwargs] )
```

参数说明:

function:线程运行函数。

args:传递给线程函数的参数,使用空的元组来调用函数表示不传递任何参数,必须是元组类型。

kwargs:可选参数。

start_new_thread()创建一个线程并运行指定函数,当函数返回时,线程自动结束。

【例 8-5】 使用_thread 模块中的 start_new_thread()函数来创建线程。创建 3 个线程,每个线程运行 3 次,代码如下:

```
import _thread                              # 导入_thread 模块
import time                                 # 导入时间 time 模块
# 为线程定义一个函数
def cnt_thread(id):
    cnt = 1                                 # 计算器赋值为 1
```

```
        print ("线程 %d 正在运行..." % id)              #打印正在运行的线程号
        while < 3:                                    #每个线程可以被运行二次
            print ("线程 %d 计数器的值为: %d" % (id, cnt))
            time.sleep(2)
            cnt += 1                                  #每次线程被调用计算器值增 1
#创建 3 个线程,调用 cnt_thread 函数运行线程,并将线程 ID 号作为传入参数
for i in range(3):
    _thread.start_new_thread(cnt_thread,(i,))
#主线程运行
print ("主线程无限循环中...")
while True:
    pass
```

上述代码输出结果:

```
主线程无限循环中...
线程  1 正在运行...
线程  0 正在运行...
线程  0 计数器的值为:1
线程  2 正在运行...
线程 1 计数器的值为:1
线程 2 计数器的值为:1
线程 0 计数器的值为:2
线程 2 计数器的值为:2
线程 1 计数器的值为:2
```

从结果中可以看到主线程是最先启动的。线程的创建虽然是有顺序的,但线程是并发运行的,所以哪个线程先执行是不确定的。

2. thread 类创建线程

_thread 是低级模块,threading 是高级模块对_thread 进行了封装为线程提供了更强大的高级支持。绝大多数情况下都只需要使用 threading 这个高级模块。

threading 模块提供了 thread 类来创建和处理线程,有两种使用方法,直接传入要运行的方法或从 thread 继承并覆盖 run()。

创建的格式如下:

```
线程对象 = threading.thread(target = 线程函数,args = (参数列表),name = 线程名,group = 线程组)
```

线程名和线程组都可以省略。

【例 8-6】 直接使用 threading.thread 类来创建线程。

```
port threading                                    #导入 threading 模块
import time                                        #导入时间 time 模块
#定义线程处理函数
def fun():
    print("线程正在运行")
    time.sleep(2)
    print("线程结束")
#定义主线程函数
```

```
def main():
    print("主线程开始运行")
    t = threading.Thread(target = fun, args = ())    #创建一个新的线程
    t.start()                                         #启动创建的线程
    time.sleep(1)
    print("主线程结束运行")
#设置程序从 main()开始运行
if __name__ == "__main__":
    main()
```

上述代码输出结果：

```
主线程开始运行
线程正在运行
主线程结束运行
线程结束


Process finished with exit code 0
```

【例 8-7】 使用 threading.Thread 类来创建两个线程实现一边听音乐一边看书（并发依次执行）。

```
import threading
import time                                          #导入时间 time 模块
def music():                                         #定义听音乐事件
    print('I begin listen music % s' % (time.ctime()))
    time.sleep(3)
    print('I stop listen music % s' % (time.ctime()))
def book():                                          #定义看书事件
    print('I begin read book % s' % (time.ctime()))
    time.sleep(3)
    print('I stop read book % s' % (time.ctime()))

#设置程序开始运行入口
if __name__ == '__main__':
    t1 = threading.Thread(target = music, args = ())    #创建听音乐线程
    t2 = threading.Thread(target = book, args = ())     #创建看书线程
    t1.start()                                           #线程启动
    t2.start()
    music()
    book()
    print('Ending now % s' % time.ctime())              #记录接收时间
```

程序运行结果：

```
I begin listen musicTue Dec 24 11:08:09 2019
I begin listen musicTue Dec 24 11:08:09 2019
I begin read bookTue Dec 24 11:08:09 2019
I stop listen musicTue Dec 24 11:08:13 2019
```

```
I stop listen musicTue Dec 24 11:08:13 2019
I stop read book Tue Dec 24 11:08:13 2019
I begin read bookTue Dec 24 11:08:13 2019
I stop read book Tue Dec 24 11:08:16 2019
Ending now Tue Dec 24 11:08:16 2019
```

从结果可以看出听音乐和读书是并发依次进行。

Threading 类常用的方法如表 8-6。

表 8-6　Threading 类常用的方法

Thread 类方法	描　　述
run()	线程的入口点
start()	启动线程,通过调用 run()方法启动一个线程
join([time])	堵塞进程直到线程执行完毕。参数 time 指定超时间(秒),超过指定时间就不在堵塞进程
isAlive()	检查线程是否活动
getName()	返回线程名
setName()	设置线程名

threading 模块提供的其他方法如表 8-7。

表 8-7　threading 模块方法

threading 方法	描　　述
threading.currentThread()	返回当前线程的变量
threading.enumerate()	返回一个包含正在运行的线程目录
threading.activeCount()	返回正在运行线程的数量

【例 8-8】　编写自己的线程类 myThread 来创建两个线程对象,每个线程对象运行 3 次后结束。

使用 threading 模块创建线程,直接从 threading.thread 继承,然后重写__init__方法和 run 方法。代码如下:

```
import threading                              #导入 threading 模块
import time                                   #导入 time 模块
#自定义的线程类
class myThread (threading.Thread):            #继承父类 threading.Thread
    def __init__(self,threadID,name,delaytime):   #重写__init__方法
        threading.Thread.__init__(self)
        self.threadID = threadID              #线程 ID 号
        self.name = name                      #线程名
        self.delaytime = delaytime            #延迟时间
    # 把要执行的代码写到 run 函数里面 线程在创建后会直接运行 run 函数
    def run (self):
        print("Starting" + self.name)
        print_time(self.name,self.delaytime,3)   #打印线程开始运行时间
```

```
            print("Exiting" + self.name)
    #打印线程运行的系统时间
    def print_time(threadName,delay,counter):
        while counter:
            time.sleep(delay)                                       #延迟时间
            print("%s: %s" % (threadName,time.ctime()))             #打印系统时间
            counter -= 1
#创建新线程
thread1 = myThread(1,"Threade-1", 1)
thread2 = myThread(2,"Threade-2", 2)
#开启线程
thread1.start()
thread2.start()
```

上述代码输出结果：

```
StartingThreade-1
StartingThreade-2
Threade-1: Sat May 19 14:08:26 2019
Threade-1: Sat May 19 14:08:27 2019
Threade-2: Sat May 19 14:08:27 2019
Threade-1: Sat May 19 14:08:28 2019
ExitingThreade-1
Threade-2: Sat May 19 14:08:29 2019
Threade-2: Sat May 19 14:08:31 2019
ExitingThreade-2
```

要使用 threading 模块实现新线程，必须执行以下操作：

(1) 定义 Thread 类的新子类。

(2) 覆盖__init__(self [,args])方法添加其他参数。

重写 run(self [,args])方法来实现线程在启动时应该执行的操作。

(3) 当创建了新的 thread 的子类之后，就可以创建一个实例，然后调用 start()方法来调用 run()方法来启动一个新的线程。

8.4.3 线程同步机制

在多线程中，变量由各个线程共享。如果多个线程共同对某个数据修改，则可能出现不可预料的结果。

【例 8-9】 创建二个线程模拟顾客到银行，每个顾客都是先存钱，然后立即取出和存入相同的金额。代码如下：

```
import threading
money = 0  # 变量 money 被 customer1 和 customer2 两个线程共享
# 存钱
def put_money(sum):
    global money
    money += sum
```

```
# 取钱
def get_money(sum):
    lobal money
    money -= sum
# 定义线程运行函数(模拟顾客存取款)
def run_thread(sum):
    for i in range(1000000):                              # 执行次数要足够多
        # 先存 sum, 后取 sum, 钱数应当为 0
        put_money(sum)
        get_money(sum)
# 创建两个顾客线程
customer1 = threading.Thread(target = run_thread, args = (100,))    # 每次存 100, 取 100
customer2 = threading.Thread(target = run_thread, args = (1000,))   # 每次存 1000, 取 1000
# 开启线程
customer1.start()
customer2.start()
# 打印银行存款
print(money)
```

程序运行结果每次都不相同。在例 8-9 中,先存钱,再全部取出,银行存款的总数应当一直为 0。这在单线程中没有问题。然而在多线程中,操作系统交叉执行赋值语句,导致全局变量被一个线程修改了,另一个线程却不知情。因为在操作系统中,money += sum 是被拆成两条语句执行的:

```
x = money + sum
money = x
```

这两条语句的执行顺序很可能是乱序(money -= sum 同理)。导致最后 money 的金额不为 0。为了保证数据的正确性,需要对多个线程进行同步。

threading 模块中 lock 对象可以实现简单的线程同步,这个对象有 acquire 方法(加锁)和 release(释放锁)方法,对于那些需要每次只允许一个线程操作的数据,可以将其操作放到 acquire 和 release 方法之间。

【例 8-10】 运用 lock 锁的机制改写例 8-9,代码如下(粗字内容为程序接收的内容):

```
import threading
money = 0  # 变量 money 被 customer1 和 customer2 两个线程共享
# 存钱
def put_money(sum):
    global money
    money += sum
# 取钱
def get_money(sum):
    global money
    money -= sum
# 定义线程运行函数(模拟顾客存取款)
def run_thread(sum):
    for i in range(1000000):                              # 执行的次数要足够多
```

```
    # 先存 sum,后取 sum,钱数应当为 0
    lock.acquire()                                          # 加锁
    put_money(sum)
    get_money(sum)
    lock.release()                                          # 释放锁
# 创建一个指令锁
lock = threading.lock()
# 创建两个顾客线程
customer1 = threading.Thread(target = run_thread, args = (100,))    # 每次存 100,取 100
customer2 = threading.Thread(target = run_thread, args = (1000,))   # 每次存 1000,取 1000
# 开启线程
customer1.start()
customer2.start()
# 打印银行存款
print(money)
```

上述代码输出结果：

```
0
```

当一个线程调用 lock 对象的 acquire()方法获得锁时,这把锁就进入"locked"状态。因为每次只有一个线程可以获得锁,所以如果此时另一个线程试图获得这个锁,该线程就会变为阻塞状态,暂停执行。直到拥有锁的线程调用 release()方法释放锁之后。线程调度程序从处于阻塞状态的线程中选择一个线程来获得锁继续运行。

8.5 网络与多线程编程综合实例应用

在 8.2 和 8.3 节中,服务器端和客户的通信只能一来一往一句一句地发送,不能实现双方自由的消息发送。使用多线程,将消息的接收单独作为一个线程,这样便可以在服务器端和客户端发送和接收多条消息。

【例 8-11】 用 TCP 协议模拟 QQ,编写一个简单的文字聊天室。

TCP 服务器端程序,代码如下：

```
import socket
import threading                                            # 导入多线程模块
print("Waitting to be connected...")
ip_port = ('127.0.0.1',8888)                                # 设定 IP 和端口
s = socket.socket(socket.AF_INET,socket.SOCK_STREAM)        # 创建 socket
s.bind(ip_port)                                             # 绑定本机 IP 和端口
s.listen(1)                                                 # 表示等待连接数为 1
sock,addr = s.accept()                                      # 第一次从客户端接收数据
flag = True                                                 # 设置聊天进行标识
addr = str(addr)
print('Connecting by : % s ' % addr )
def Receive(sock):                                          # 定义接收函数
    # 声明全局变量,当接收到的消息为 quit 时,聊天结束
```

```python
    global flag
    while flag:
        data = sock.recv(1024).decode('utf8')          # 解析收到的数据
        if data == 'quit':
            flag = False
        print("you have receve: " + data + " from" + addr)

# 实例化线程,target 为方法,args 为方法的参数
trd = threading.Thread(target = Receve, args = (sock,))
trd.start()                                              # 启动线程
while flag:
    user_input = input('>>>')
    sock.send(user_input.encode('utf8'))                 # 循环发送消息
    # 当发送为'quit'时,关闭 socket
    if user_input == 'quit':
        flag = False
s.close()
```

TCP 客户端程序,代码如下:

```python
import socket
import threading                                         # 导入多线程模块
ip_port = ('127.0.0.1',8888)                             # 设定 IP 和端口
s = socket.socket(socket.AF_INET,socket.SOCK_STREAM)     # 创建 socket
s.connect(ip_port)                                       # 建立和服务器的连接
flag = True                                              # 设置聊天进行标识
def Receve(s):                                           # 定义接收函数
# 声明全局变量,当接收到的消息为 quit 时,聊天结束
    global flag
    while flag:
        data = s.recv(1024).decode('utf8')               # 解析收到数据
        if data == 'quit':
            flag = False
        print('recevie news: % s' % data )
# 实例化线程,target 为方法,args 为方法的参数
trd = threading.Thread(target = Receve, args = (s,))
trd.start()                                              # 启动线程
while flag:
    user_input = input('>>>')
    s.send(user_input.encode('utf8'))                    # 循环发送消息
    if user_input == 'quit':                             # 当发送为'quit'时,关闭 socket
        flag = False
s.close()
```

服务器端程序运行结果(粗体字为程序接收的内容):

```
Waitting to be connected...
Connecting by: ('127.0.0.1', 62046)
>>> you have receve: python 学习 了解一下 from('127.0.0.1', 62046)
>>>好的
```

```
>>>谢谢
>>> you have receve：我简单介绍一下吧 from('127.0.0.1', 62046)
you have receve: python 语法简单 from('127.0.0.1', 62046)
you have receve:用途强大 from('127.0.0.1', 62046)
you have receve:编程语言排名第一 from('127.0.0.1', 62046)
>>>既然这么好
>>>那我试试
>>> you have receve：好的 from('127.0.0.1', 62046)
you have receve: 我们一起学 from('127.0.0.1', 62046)
```

客户端程序运行结果：

```
>>> python学习了解一下
>>> recevie news:好的
recevie news:谢谢
>>>我简单介绍一下吧
>>> python 语法简单
>>>用途强大
>>>编程语言排名第一
>>> recevie news:既然这么好
recevie news:那我试试
>>>好的
>>>我们一起学
```

本 章 小 结

本章主要介绍了 Python 中网络与多线程编程的基本方法，重点讲解了利用 TCP 和 UDP 实现客户端和服务器通信，介绍了多线程基本理论、创建多线程的两种基本方法、多线程的同步机制和网络与多线程综合实例。通过对本章的学习，读者不仅能够对 Python 中网络编程及多线程有初步的了解，还能为学习多线程爬虫开发打下基础。

第 9 章　Python 网络爬虫

导学

网络爬虫技术是当今信息技术中大数据采集的重要手段。在诸多网络爬虫技术中，Python 是目前最主流，同时最适合网络爬虫的开发语言。通过引用第三方库，Python 可快速、准确地实现网络爬虫的主要功能。其模块化的设计理念，使得网络爬虫有更好的开放性和扩展性。通过学习 Python，不但能够帮助开发者掌握实现网络爬虫的主要方法，而且可让开发者对 Python 的爬虫相关库有更深的理解。

了解：网络爬虫的概念与基本原理，利用 Python 实现抓取网页内容的相关库和处理提取抓取内容的库，以及处理网络爬虫异常的方法。

掌握：利用 requests 库抓取网页内容的主要方法，以及利用 BeautifulSoup 库处理与提取网页的主要方法。

众所周知，信息已成为当今社会的重要资源和财富。面对日益增长的信息量与信息处理需求，对大数据的采集是大数据处理与分析的首要工作，这其中利用网络爬虫采集互联网非结构化数据是大数据采集的重要手段，Python 作为一种扩展性高的语言，有丰富的抓取网页内容的库以及处理提取抓取内容的库，是目前主流的网络爬虫实现技术。

9.1　网络爬虫原理

1. 网络爬虫概念

网络爬虫，也叫网络蜘蛛，如果把互联网比喻成一个蜘蛛网，网络爬虫就是一只在网上爬来爬去的蜘蛛。网络爬虫根据网页地址（URL）寻找网页，获取所需资源。

2. URL

URL，即统一资源定位符，也就是通常所说的网址，统一资源定位符是对可以从互联网上得到的资源的位置和访问方法的一种简洁表示，是互联网上标准资源的地址。互联网上的每个文件都有一个唯一的 URL，它包含的信息指出文件的位置以及浏览器应该怎么处理它。URL 的格式由 3 部分组成：

（1）协议（或称为服务方式）。目前主流的协议有 HTTP 和 HTTPS 协议。

（2）主机名（还有端口号为可选参数）。一般网站默认端口号为 80，如中国医科大学的主机名就是 www.cmu.edu.cn。

（3）主机资源的具体地址。比如，目录和文件名等。

网络爬虫是根据 URL 来获取网页信息，因此，URL 是爬虫获取数据的基本依据，准确理解 URL 的含义对爬虫学习有很大帮助。

3. HTTP 协议

HTTP 协议（HyperText Transfer Protocol，超文本传送协议）是用于从 WWW 服务器传输超文本到本地浏览器的传送协议。它可以使浏览器更加高效，减少网络传输。它不仅保证计算机正确快速地传输超文本文档，还确定传输文档中的哪一部分，以及哪部分内容首先显示（如文本先于图形）等。

HTTP 协议永远都是客户端发起请求，服务器回送响应。这样就限制了 HTTP 协议的使用，在客户端没有发起请求的时候，服务器无法将消息推送给客户端。

HTTP 协议是一个无状态的协议，同一个客户端的这次请求和上次请求是没有对应关系的。一次 HTTP 操作称为一个事务，其工作过程可分为 4 步：

（1）客户机与服务器需要建立连接。只要单击某个超级链接，HTTP 就开始工作。

（2）建立连接后，客户机发送一个请求给服务器，请求内容包括统一资源定位符（URL）、协议版本号等信息。

（3）服务器接到请求后，给予相应的响应信息，其格式为一个状态行，包括信息的协议版本号、一个成功或错误的代码，以及 MIME（多用途互联网邮件扩展）信息，包括服务器信息、实体信息和可能的内容。

（4）客户端接收服务器所返回的信息通过浏览器显示在用户的显示屏上，然后客户机与服务器断开连接。

如果在以上过程中出现错误，那么产生错误的信息将返回到客户端。对于用户来说，这些过程是由 HTTP 完成的，用户只要用单击鼠标，等待信息显示即可。

4. 网络爬虫分类

网络爬虫按照系统结构和实现技术，大致可以分为以下几种类型：通用网络爬虫（General Purpose Web Crawler）、聚焦网络爬虫（Focused Web Crawler）、增量式网络爬虫（Incremental Web Crawler）、深层网络爬虫（Deep Web Crawler）。实际的网络爬虫系统通常是几种爬虫技术相结合实现的。

1）通用网络爬虫

通用网络爬虫又称全网爬虫（Scalable Web Crawler），爬行对象从一些种子 URL 扩充到整个 Web，主要为门户站点搜索引擎和大型 Web 服务提供商采集数据。由于商业原因，它们的技术细节很少公布出来。这类网络爬虫的爬行范围和数量巨大，对于爬行速度和存储空间要求较高，对于爬行页面的顺序要求相对较低，同时由于待刷新的页面太多，通常采用并行工作的方式，但需要较长时间才能刷新一次页面。通用网络爬虫适用于为搜索引擎搜索广泛的主题，有较强的应用价值。

通用网络爬虫的结构大致可以分为页面爬行模块、页面分析模块、链接过滤模块、页面数据库、URL 队列、初始 URL 集合几个部分。为提高工作效率，通用网络爬虫会采取一定的爬行策略。常用的爬行策略有深度优先策略、广度优先策略。

深度优先策略：其基本方法是按照深度由低到高的顺序，依次访问下一级网页链接，直到不能再深入为止。爬虫在完成一个爬行分支后返回到上一链接节点进一步搜索其他链接。当所有链接遍历完后，爬行任务结束。这种策略比较适合垂直搜索或站内搜索，但爬行页面内容层次较深的站点时会造成资源的巨大浪费。

广度优先策略：此策略按照网页内容目录层次的深浅来爬行页面，处于较浅目录层次的页面首先被爬行。当同一层次中的页面爬行完毕后，爬虫再深入下一层继续爬行。这种策略能够有效控制页面的爬行深度，避免遇到无穷深层分支时无法结束爬行的问题，方便实现，无须存储大量中间节点，不足之处在于需较长时间才能爬行到目录层次较深的页面。

2）聚焦网络爬虫

聚焦网络爬虫又称主题网络爬虫（Topical Crawler），是指选择性地爬行那些与预先定义好的主题相关页面的网络爬虫。和通用网络爬虫相比，聚焦网络爬虫只需要爬行与主题相关的页面，极大地节省了硬件和网络资源，保存的页面也由于数量少而更新快，还可以很好地满足一些特定人群对特定领域信息的需求。

聚焦网络爬虫和通用网络爬虫相比，增加了链接评价模块以及内容评价模块。聚焦网络爬虫爬行策略实现的关键是评价页面内容和链接的重要性，不同的方法计算出的重要性不同，由此导致链接的访问顺序也不同。

基于内容评价的爬行策略：DeBra 提出了 Fish Search 算法，它将用户输入的查询词作为主题，包含查询词的页面被视为与主题相关，其局限性在于无法评价页面与主题相关度的高低。Herseovic 对 Fish Search 算法进行了改进，提出了 Sharksearch 算法，利用空间向量模型计算页面与主题的相关度大小。

基于链接结构评价的爬行策略：Web 页面作为一种半结构化文档，包含很多结构信息，可用来评价链接重要性；PageRank 算法最初用于搜索引擎信息检索中对查询结果进行排序，也可用于评价链接重要性，具体做法就是每次选择 PageRank 值较大的页面中的链接来访问；另一个利用 Web 结构评价链接价值的方法是 HITS 方法，它通过计算每个已访问页面的 Authority 权重和 Hub 权重，并以此决定链接的访问顺序。

基于增强学习的爬行策略：Rennie 和 McCallum 将增强学习引入聚焦爬虫，利用贝叶斯分类器，根据整个网页文本和链接文本对超链接进行分类，为每个链接计算出重要性，从而决定链接的访问顺序。

基于语境图的爬行策略：Diligenti 等人提出通过建立语境图（Context Graphs）学习网页之间的相关度，训练一个机器学习系统，通过该系统可计算当前页面到相关 Web 页面的距离，距离越近的页面中的链接优先访问。印度理工大学（IIT）和 IBM 研究中心的研究人员开发了一个典型的聚焦网络爬虫。该爬虫对主题的定义既不是采用关键词也不是采用加权矢量，而是采用一组具有相同主题的网页。它包含两个重要模块：一个是分类器，用来计算所爬行的页面与主题的相关度，确定是否与主题相关；另一个是净化器，用来识别通过较少链接连接到大量相关页面的中心页面。

3）增量式网络爬虫

增量式网络爬虫是指对已下载网页采取增量式更新和只爬行新产生的或者已经发生变化网页的爬虫，它能够在一定程度上保证所爬行的页面是尽可能新的页面。与周期性爬行和刷新页面的网络爬虫相比，增量式爬虫只会在需要的时候爬行新产生或发生更新的页面，并不重新下载没有发生变化的页面，可有效减少数据下载量，及时更新已爬行的网页，减小时间和空间上的耗费，但是增加了爬行算法的复杂度和实现难度。增量式网络爬虫的体系结构包含爬行模块、排序模块、更新模块、本地页面集、待爬行 URL 集以及本地页面 URL 集。

增量式网络爬虫有两个目标：保持本地页面集中存储的页面为最新页面、提高本地页面集中页面的质量。

为实现第一个目标,增量式网络爬虫需要通过重新访问网页来更新本地页面集中的页面内容,常用的方法有:统一更新法,即爬虫以相同的频率访问所有网页,不考虑网页的改变频率;个体更新法,即爬虫根据个体网页的改变频率来重新访问各页面;基于分类的更新法,即爬虫根据网页改变频率将其分为更新较快网页子集和更新较慢网页子集两类,然后以不同的频率访问这两类网页。

为实现第二个目标,增量式网络爬虫需要对网页的重要性排序,常用的策略有:广度优先策略、PageRank 优先策略等。IBM 开发的 WebFountain 是一个功能强大的增量式网络爬虫,它采用一个优化模型控制爬行过程,并没有对页面变化过程做任何统计假设,而是采用一种自适应的方法根据先前爬行周期里爬行结果和网页实际变化速度对页面更新频率进行调整。北京大学的天网增量爬行系统旨在爬行国内 Web,将网页分为变化网页和新网页两类,分别采用不同的爬行策略。为缓解对大量网页变化历史进行维护而导致的性能瓶颈,它根据网页变化时间局部性规律,在短时期内直接爬行多次变化的网页,为尽快获取新网页,它利用索引型网页跟踪新出现的网页。

4) 深层网络爬虫

Web 页面按存在方式可以分为表层网页(Surface Webpage)和深层网页(Deep Webpage,也称 Invisible Web Pages 或 Hidden Webpage)。表层网页是指传统搜索引擎可以索引的页面,以超链接可以到达的静态网页为主构成的 Web 页面。Deep Webpage 是那些大部分内容不能通过静态链接获取,隐藏在搜索表单后,只有用户提交一些关键词才能获得的 Web 页面。例如,那些用户注册后内容才可见的网页就属于 Deep Webpage。Bright Planet 在 2000 年指出:Deep Webpage 中可访问信息容量是 Surface Webpage 的几百倍,是互联网上最大、发展最快的新型信息资源。

深层网络爬虫体系结构包含 6 个基本功能模块(爬行控制器、解析器、表单分析器、表单处理器、响应分析器、LVS 控制器)和 2 个爬虫内部数据结构(URL 列表、LVS 表)。其中 LVS(Label Value Set)表示标签/数值集合,用来表示填充表单的数据源。

深层网络爬虫爬行过程中最重要部分就是表单填写,包含两种以下类型:

(1) 基于领域知识的表单填写。此方法一般会维持一个本体库,通过语义分析来选取合适的关键词填写表单。Yiyao Lu 等人提出一种获取 Form 表单信息的多注解方法,将数据表单按语义分配到各个组中,对每组从多方面注解,结合各种注解结果来预测一个最终的注解标签;郑冬冬等人利用一个预定义的领域本体知识库来识别深层网页内容,同时利用一些来自 Web 站点导航模式来识别自动填写表单时所需进行的路径导航。

(2) 基于网页结构分析的表单填写。此方法一般无领域知识或仅有有限的领域知识,将网页表单表示成 DOM 树,从中提取表单各字段值。Desouky 等人提出一种 LEHW 方法,该方法将 HTML 网页表示为 DOM 树形式,将表单区分为单属性表单和多属性表单,分别进行处理;孙彬等人提出一种基于 XQuery 的搜索系统,它能够模拟表单和特殊页面标记切换,把网页关键字切换信息描述为三元组单元,按照一定规则排除无效表单,将 Web 文档构造成 DOM 树,利用 XQuery 将文字属性映射到表单字段。

在 Raghavan 等人提出的 HIWE 系统中,爬行管理器负责管理整个爬行过程,分析下载的页面,将包含表单的页面提交表单处理器处理,表单处理器先从页面中提取表单,从预先准备好的数据集中选择数据自动填充并提交表单,由爬行控制器下载相应的结果页面。

5. 网络爬虫原理

通过上述 HTTP 工作流程可知,网络爬虫是模拟用户访问网站,通过处理和提取得到的网页内容,实现对图片、文字等资源的获取。

在 Python 中提供了丰富的获取网页内容的库,以及处理提取网页内容的库,利用这些库,Python 可以实现网络爬虫功能,本章将对网络爬虫中应用的典型库进行讲解。

9.2 requests 爬取库

由网络爬虫原理可知,爬虫应用的库主要有爬取网页内容的库和处理提取内容的库。在爬取网页内容的库中,有 requests 库和 urllib 库。其中 requests 库是学习 Python 网络爬虫最基本的库,可以方便地对网页进行爬取,是学习 Python 网络爬虫较好的 HTTP 请求库。

9.2.1 requests 爬取库的安装

1. pip 命令安装

```
pip install requests
```

在 Windows 系统下只需要在 cmd 命令行输入命令 pip install requests 即可安装。

2. 下载安装包安装

由于 pip 命令可能安装失败所以有时需通过下载第三方库文件来进行安装。在 github 上的地址"https://github.com/requests/requests"下载文件到本地之后,解压到 python 安装目录。之后打开解压文件,在此处运行命令行并输入"python setup.py install"即可。

```
python setup.py install
```

安装后测试 requests 模块是否安装正确,在交互式环境中输入"import requests"。如果没有任何报错信息,则说明 requests 模块已经安装成功了。

```
import requests                    #导入 requests 库
```

9.2.2 requests 爬取库的使用方法

requests 爬取库主要有 7 个方法,如表 9-1 所示。

表 9-1 requests 爬取库的主要方法

方 法	解 释
requests.get()	获取 html 的主要方法
requests.head()	获取 html 头部信息的主要方法
requests.post()	向 html 网页提交 POST 请求的方法
requests.put()	向 html 网页提交 PUT 请求的方法
requests.patch()	向 html 提交局部修改的请求
requests.delete()	向 html 提交删除请求
requests.request()	构造一个请求,支持以上各种方法

本节将依次讲解上述方法。

1. requests.get()

在客户机和服务器之间进行请求-响应时,两种最常被用到的方法是 GET 和 POST。其中,requests.get()方法是获取网页内容较常用方法之一,理解 requests.get()方法有助于更好地理解其他方法,本节将详细讲解 requests.get()方法。具体参数是:

```
r = requests.get(url,params,**kwargs)    #利用requests.get()获取网页内容
```

其中:url 表示需要爬取的网站地址;params 为参数,是 url 中的额外参数,格式为字典或者字节流,为可选;**kwargs 是 12 个控制访问的参数。

**kwargs 主要参数介绍如下,在 requests.get()方法中,第一个参数 params 作为单独参数被列出。

(1) params:字典或字节序列,作为参数增加到 URL 中,使用这个参数可以把一些键值对以"key1=value1&key2=value2"的模式增加到 URL 中。代码如下:

```
kv = {'key1':'values','key2':'values'}        #将键值对参数传入URL中
r = requests.request('GET', 'http:www.python123.io/ws', params=kw)
```

(2) data:字典、字节序列或文件对象,向服务器提交资源时填写,作为 request 的内容,与 params 不同的是,data 提交的数据并不放在 URL 链接里,而是放在 URL 链接对应位置的地方作为数据来存储,它也可以接收一个字符串对象。

(3) json:将 json 格式参数传入 URL 中,json 在 Web 开发中常见,也是 HTTP 经常使用的数据格式,json 可以作为参数向服务器提交。代码如下:

```
kv = {'key1': 'value1'}                       #将json参数传入URL中
r = requests.request('POST', 'http://python123.io/ws', json=kv)
```

(4) headers:headers 字段定义访问 HTTP 网站的 HTTP 头,可模拟浏览器对 URL 发起访问。代码如下:

```
hd = {'user-agent': 'Chrome/10'}              #将头部传入URL中
r = requests.request('POST', 'http://python123.io/ws', headers=hd)
```

(5) cookies:字典或 CookieJar,指从 HTTP 中解析的 cookie。

(6) auth:元组,用来支持 HTTP 认证功能。

(7) files:字典,向服务器传输文件时使用的字段,代码如下:

```
fs = {'files': open('data.txt', 'rb')}        #将文件传入URL中
r = requests.request('POST', 'http://python123.io/ws', files=fs)
```

(8) timeout:用于设定超时时间,单位为秒,当发起一个 GET 请求时可以设置一个 timeout 时间,如果在 timeout 时间内请求内容没有返回,则将产生一个 timeout 的异常。

(9) proxies:字典,用于设置访问代理服务器。

(10) allow_redirects:开关,表示是否允许对 URL 进行重定向,默认为 True。

(11) Stream：开关，表示是否对获取内容立即进行下载，默认为 True。
(12) verify：开关，用于认证 SSL 证书，默认为 True。
(13) cert：用于设置保存本地 SSL 证书路径。

requests.get()构造一个服务器请求 request，返回一个包含服务器资源的 response 对象。response 对象属性如表 9-2 所示。

表 9-2 response 对象属性

方 法	解 释
r.status_code	HTTP 请求的返回状态，若为 200 则表示请求成功
r.text	HTTP 响应内容的字符串形式，即返回的页面内容
r.encoding	根据 HTTP header 得出的相应内容编码方式
r.apparent_encoding	从内容中分析出的响应内容编码方式（备选编码方式）
r.content	HTTP 响应内容的二进制形式

以访问百度网站为例，requests.get()的使用方法及 response 对象的各属性如下：

```
import requests                              #导入 requests 库
#利用 requests.get()方法得到百度网页内容
r = requests.get("http://www.baidu.com")
print(r.status_code)                         #输出请求返回状态
print(r.encoding)                            #输出请求编码方式
print(r.apparent_encoding)                   #输出请求备选编码方式
print(r.text)                                #输出请求页面内容
```

输出信息为 response 对象的各属性信息，结果如下：

```
200
ISO - 8859 - 1
utf - 8
<!DOCTYPE html >
<! -- STATUS    OK --><html>   <head><meta     http - equiv = content - type content =
text/html;charset = utf - 8 >……</p></div></div></div></body></html>
```

以上 r.text 内容较长，删除中间部分，看出编码效果即可。

2. requests.head()

以访问 httpbin 网站为例，requests.head()的使用方法如下：

```
import requests                              #导入 requests 库
#利用 requests.get()方法得到网站头部信息
r = requests.head("http://httpbin.org/get")
print(r.headers)                             #输出网站头部信息
```

输出信息为 httpbin 网站头部信息，结果如下：

```
{'Connection': 'keep - alive', 'Server': 'gunicorn/19.8.1', 'Date': 'Thu, 17 May 2018 06:11:00 GMT',
'Content - Type': 'application/json', 'Content - Length': '206',           'Access - Control -
Allow - Origin':      ' * ', 'Access - Control - Allow - Credentials': 'true', 'Via': '1.1 vegur'}
```

3. requests.post()

在客户机和服务器之间进行请求-响应时,常用方法除了 GET 方法还有 POST 方法。requests.get()方法能得到通过 GET 方法访问的网页内容,而通过 POST 访问的网站需要使用 requests.post()方法得到相应网站的内容。在使用 requests.post()方法时需要向指定的资源提交要被处理的数据,其中常用的数据格式为字典或字符串,以提交字典数据为例,requests.post()的使用方法如下:

```
import requests                                          # 导入 requests 库
payload = {"key1":"value1","key2":"value2"}              # 定义被提交的数据
r = requests.post("http://httpbin.org/post",data = payload)
print(r.text)
```

输出信息为网站返回信息,结果如下:

```
{"args":{},
"data":"",
"files":{},
"form":
{"key1":"value1",
"key2":"value2"},
"headers":{"Accept":"*/*",
"Accept - Encoding":"gzip, deflate",
"Connection":"close",
"Content - Length":"23",
"Content - Type":"application/x - www - form - urlencoded",
"Host":"httpbin.org",
"User - Agent":"python - requests/2.18.4"},
"json":null,
"origin":"59.46.65.9",
"url":"http://httpbin.org/post"}
```

在使用 requests.post()方法时也可以提交字符串数据,以提交字符串数据为例,requests.post()的使用方法如下:

```
import requests                                          # 导入 requests 库
r = requests.post("http://httpbin.org/post",data = 'helloworld')
print(r.text)
```

输出信息为网站返回信息,结果如下:

```
{"args":{},
"data":"helloworld",
"files":{},
"form":{},
"headers":{"Accept":"*/*",
…省略部分内容…
"url":"http://httpbin.org/post"}
```

4. requests.put()

HTTP定义了客户机与服务器的交互方法,除了常用的GET方法和POST方法,还有PUT方法。跟POST方法类似,当要更新信息到URL时使用PUT方法,但这种方法不常用。通过PUT访问网站,使用requests.put()方法获得网页内容如下:

```
import requests                                          # 导入 requests 库
payload = {"key1":"value1","key2":"value2"}              # 定义 PUT 方法数据
r = requests.put("http://httpbin.org/put",data = payload)
print(r.text)
```

输出信息为通过requests.put()方法获得的网页内容,结果如下:

```
{"args":{},
"data":"",
"files":{},
"form":
{"key1":"value1",
"key2":"value2"},
"headers":{"Accept":" * / * ",
"Accept - Encoding":"gzip, deflate",
"Connection":"close",
"Content - Length":"23",
"Content - Type":"application/x - www - form - urlencoded",
"Host":"httpbin.org",
"User - Agent":"python - requests/2.18.4"},
"json":null,
"origin":"182.200.230.140",
"url":"http://httpbin.org/put"}
```

5. requests.patch()和requests.delete()

requests.patch()方法和request.put()方法类似。两者不同的是:当使用PATCH方法时仅需要提交需要修改的字段。而使用request.put()时,必须将全部字段一起提交到URL,未提交字段将会被删除。PATCH的好处是:节省网络带宽。此外,requests.delete()方法用于向HTML提交删除请求,使用方法与其他方法一致,这里不再赘述。

6. requests.request()

requests.request()支持上述所有方法,其使用方法如下:

```
requests.request(method,url, ** kwargs)
```

(1) method:包括GET、HEAD、POST、PUT、PATCH等。
(2) url:请求的网站地址。
(3) ** kwargs:控制访问的参数。

在requests.request()中可以通过method参数调用不同的访问方法,使用方法与其他方法类似,这里不再赘述。

9.2.3 访问异常处理

使用requests库获取网页内容有时会产生异常,比如,网络连接错误、HTTP异常、重

定向异常、请求 RUL 超时异常等。所以需判断 r.status_codes 是否是 200，如果是 200 则说明请求成功，能够得到网页内容，否则得不到网页内容。这里可利用 r.raise_for_status() 语句捕捉异常，该语句在方法内部判断 r.status_code 是否等于 200，并设置请求超时时间，如果在设置时间内没有返回 200，则抛出异常。根据这个方法，爬取网页的捕捉异常通用代码框架可以写成：

```python
import requests                              # 导入 requests 库
try:
    r = requests.get(url,timeout = 30)       # 请求超时时间为 30 秒
    r.raise_for_status()                     # 如果状态不是 200,则引发异常
    r.encoding = r.apparent_encoding         # 配置编码
    return r.text
except:
    return "产生异常"
```

在使用 Python 网络爬虫爬取网页内容时，要注意捕捉异常，保证网页内容能够正常获取。

9.2.4　requests 爬取库的应用

【例 9-1】　新闻内容的爬取，利用 requests 库爬取中国医科大学新闻网页内容，要爬取的新闻页面地址为 http://www.cmu.edu.cn/info/1019/5401.htm，新闻页面如图 9-1 所示。

图 9-1　中国医科大学新闻页面

利用 requests 库爬取上述页面,代码如下:

```python
import requests                                    # 导入 requests 库
url = 'http://www.cmu.edu.cn/info/1019/5401.htm'   # 定义要抓取的网页地址
try:
    r = requests.get(url,timeout = 30)             # 请求超时时间为 30 秒
    r.raise_for_status()                           # 如果状态不是 200,则引发异常
    r.encoding = r.apparent_encoding               # 配置编码
    print(r.text[:2000])                           # 输出部分信息
except:
    print("失败")
```

部分输出结果如下:

```
<!DOCTYPE html><HTML><HEAD><TITLE>我校娄岩教授获全国计算机基础教育优秀教师奖 - 中国医科大学网站</TITLE>
<META charset = "UTF - 8">
<META content = "edge" http - equiv = "X - UA - Compatible">
<META name = "viewport" content = "width = device - width, initial - scale = 1.0"><LINK rel = "stylesheet"    type = "text/css"    href = "../../css/common.css"><LINK rel = "stylesheet" type = "text/css"    href = "../../css/mediaquery.css"><LINK rel = "stylesheet"    type = "text/css"    href = "../../css/nav.css"><LINK rel = "stylesheet" type = "text/css" href = "../../css/special.css">
<! -- Announced by Visual SiteBuilder 9 -->
<link rel = "stylesheet" type = "text/css" href = "../../_sitegray/_sitegray_d.css" />
<script language = "javascript" src = "../../_sitegray/_sitegray.js"></script>
<! -- CustomerNO:7765626265723230797347565350544603050003 -->
<link rel = "stylesheet" type = "text/css" href = "../../show_arcicle.vsb.css" />
<META Name = "keywords" Content = "中国医科大学网站,我校,娄岩,教授,全国,国计,计算机,计算,算机,基础教育,基础,教育,优秀教师,优秀,教师" />
<META Name = "description" Content = "10 月 12 日,全国高等院校计算机基础教育研究会举办的"2019 学术年会暨成立 35 周年纪念大会"在杭州举行。我校娄岩教授获"计算机基础教育优秀教师奖"。全国高等院校计算机基础教育研究会成立于 1984 年,由教育部主管,现已拥有 500 多个会员单位,是在我国有重要影响的、专门从事高校计算机基础教育研究的全国一级学术团体。研究会设立该奖项,旨在表彰为计算机基础教育做出重要贡献的优秀教师。全国共有包括中国医..." />…
```

【例 9-2】 购物网站商品信息的爬取,以爬取京东网站商品信息为例,要爬取的商品信息地址为 https://item.jd.com/39505990528.html,商品页面如图 9-2 所示。

利用 requests 库爬取上述页面,代码如下:

```python
import requests   # 导入 requests 库
url = 'https://item.jd.com/39505990528.html'       # 定义要抓取的网页地址
try:
    r = requests.get(url,timeout = 30)             # 请求超时时间为 30 秒
    r.raise_for_status()                           # 如果状态不是 200,则引发异常
    r.encoding = r.apparent_encoding               # 配置编码
    print(r.text[:2000])                           # 输出部分信息
except:
    print("失败")
```

Python 程序设计基础

图 9-2 京东商品页面

上述代码部分输出结果如下：

```
<!DOCTYPE HTML>
<html lang="zh-CN">
<head>
    <!-- new book -->
    <meta http-equiv="Content-Type" content="text/html; charset=gbk" />
    <title>《智能医学概论娄岩图书籍》【摘要 书评 试读】- 京东图书</title>
    <meta name="keywords" content="智能医学概论娄岩图书籍,清华大学,9787113248550,在线购买,折扣,打折"/>
    <meta name="description" content="京东JD.COM图书频道为您提供《智能医学概论娄岩图书籍》在线选购,本书作者:,出版社:清华大学.买图书,到京东.网购图书,享受最低优惠折扣!" />…
```

【例 9-3】 搜索引擎的爬取，以百度为例，搜索某一关键字的地址为 http://www.baidu.com/s? wd=keyword，在这个地址中，keyword 为要搜索的关键字，所以需要将关键字作为参数传入搜索地址中，搜索页面如图 9-3 所示。

将 keyword 作为参数传入搜索地址中，代码如下：

```
import requests                                    # 导入 requests 库
keyword = '中国医药教育协会智能医学专业委员会'      # 定义搜索关键字
try:
    key = {'wd':keyword}                           # 定义关键字参数
```

图 9-3　百度搜索页面

```
        r = requests.get('http://www.baidu.com/s', params = key)
        r.raise_for_status()              # 如果状态不是200,则引发异常
        r.encoding = r.apparent_encoding  # 配置编码
        print(r.text)                     # 输出部分信息
except:
        print("失败")
```

上述代码部分输出结果如下:

…< div class = "result - op c - container xpath - log" srcid = "1547" id = "5" tpl = "bk_polysemy" mu = "https://baike.baidu.com/item/中国医药教育协会智能医学专业委员会/22480826" data - op = "{'y':'F1FFD3F5'}" data - click = "{'p1':'5','rsv_bdr':'0','fm':'albk,rsv_stl:''}">< h3 class = "t c - gap - bottom - small">< a href = "http://www. baidu. com/link?url = W2s…7fW" target = "_blank">中国医药教育协会< em >智能医学</em>专业委员会_百度百科</a></h3>< div class = "c - row">< div class = "c - span6">< a href = "http://www.baidu.com/link?url = W2s…7fW" target = "_blank" class = "op - bk - polysemy - album op - se - listen - recommend" style = "_height:91px">   < img class = "c - img c - img6" src = "http://t12. baidu. com/it/u = 3380033408,1991280375&fm = 58&bpow = 750&bpoh = 500" /></a></div>< div class = "c - span18 c - span - last">< p>   中国医药教育协会< em >智能医学</em>专业委员会是经中国医药教育协会批准成立的国家二级学会,挂靠单位为中国医科大学,2018 年 3 月 31 日成立。首届主任委员为中国医科大学的娄岩教授。   </p>…

9.3 BeautifulSoup 解析库

在上节中,介绍了 requests 库的使用方法和应用案例,通过 requests 库,可以获取网页的 HTML 或者其他形式的内容,但是这些内容太过于繁杂,所以需对这些内容进行处理和提取,得到整理后真实有用的数据。Python 提供了很多对内容进行处理以及提取的库,如 BeautifulSoup 库和 PyQuery 库等,其中 BeautifulSoup 库是用于解析 HTML 或者 XML 文档的库,是解析、遍历以及维护标签树的功能库,可以方便地提取爬取到的网页内容,本节将对 BeautifulSoup 库进行讲解。

9.3.1 BeautifulSoup 解析库的安装

1. pip 命令安装

安装 BeautifulSoup 库最简单的方法是在命令行输入命令"pip install beautifulsoup4"进行安装。

```
pip install beautiful soup4
```

2. 下载安装包安装

由于 pip 命令可能安装失败所以有时需通过下载第三方库文件来进行安装。安装包地址为 https://www.crummy.com/software/BeautifulSoup/,具体安装过程不再赘述。安装后测试 BeautifulSoup 模块是否安装正确,在交互式环境中输入"from bs4 import BeautifulSoup",如果没有任何报错信息,则说明 BeautifulSoup 模块已经安装成功。

```
from bs4 import BeautifulSoup        #导入 BeautifulSoup 库
```

9.3.2 BeautifulSoup 解析库的使用方法

BeautifulSoup 库可以解析多种格式的文档,因此可被用作不同的解析器,各种解析器的使用方法和优缺点如表 9-3 所示。

表 9-3 BeautifulSoup 库不同解析器比较

解析器	使用方法	优点	缺点
Python 标准库	BeautifulSoup(markup, "html.parser")	Python 的内置标准库,执行速度适中	文档容错能力差
lxml HTML 解析器	BeautifulSoup(markup, "lxml")	速度快,文档容错能力强	需要安装 C 语言库
lxml XML 解析器	BeautifulSoup(markup, "xml")	速度快,唯一支持 XML 的解析器	需要安装 C 语言库
html5lib	BeautifulSoup(markup, "html5lib")	最好的容错性,以浏览器的方式解析文档,生成 HTML5 格式的文档	速度慢

BeautifulSoup 支持 Python 标准库中的 HTML 解析器,还支持第三方解析器,如果不安装第三方解析器,则使用 Python 默认的解析器。第三方解析器中 lxml 解析器容错能力

强,速度更快,是常用的第三方解析器。本节将具体讲解 BeautifulSoup 中 lxml 解析器的使用方法。

为了更好地理解 BeautifulSoup 的使用方法,本节抓取并处理示例网页的内容,地址为 http://python123.io/ws/demo.html,首先利用 requests 库抓取示例网页内容,代码如下:

```
import requests                              # 导入 requests 库
url = 'http://python123.io/ws/demo.html'     # 定义抓取网页地址
try:
    r = requests.get(url,timeout = 30)       # 请求超时时间为 30 秒
    r.raise_for_status()                     # 如果状态不是 200,则引发异常
    r.encoding = r.apparent_encoding         # 配置编码
    print(r.text)                            # 输出部分信息
except:
    print("失败")
```

抓取示例网页输出如下:

```
<html><head><title>This is a python demo page</title></head>
<body>
<p class="title"><b>The demo python introduces several python courses.</b></p>
<p class="course">Python is a wonderful general-purpose programming language. You can learn Python from novice to professional by tracking the following courses:
<a href="http://www.icourse163.org/course/BIT-268001" class="py1" id="link1">Basic Python</a> and <a href="http://www.icourse163.org/course/BIT-1001870001" class="py2" id="link2">Advanced Python</a>.</p>
</body></html>
```

通过抓取到的示例网页内容可知,示例网页包括不同类型的标签以及 CSS 类,BeautifulSoup 中 lxml 解析器的一般使用方法如下:

```
import requests                                              # 导入 requests 库
from bs4 import BeautifulSoup                                # 导入 BeautifulSoup 库
r = requests.get("http://python123.io/ws/demo.html")         # 抓取网页内容
soup = BeautifulSoup(r.text,"lxml")                          # 使用 lxml 解析器解析网页内容
print(soup.title.string)                                     # 输出 title 标签下的字符
```

上述代码通过 BeautifulSoup 库提取了示例网页内容中 title 标签下的字符文本,输出结果如下:

```
This is a python demo page
```

在处理与提取网页内容时,BeautifulSoup 库有标签选择器、标准选择器和 CSS 选择器 3 种,不同选择器在提取网页内容时略有不同,下面将介绍各种选择器的使用方法。

1. 标签选择器

利用标签选择器可以方便地提取网页内容中各标签的元素、名称、属性、内容等信息,要获取网页内容中的元素信息,代码如下:

```
import requests                                           # 导入 requests 库
from bs4 import BeautifulSoup                             # 导入 BeautifulSoup 库
r = requests.get("http://python123.io/ws/demo.html")      # 抓取网页内容
soup = BeautifulSoup(r.text,"lxml")                       # 使用 lxml 解析器解析网页内容
print(soup.title)                                         # 输出 title 信息
print(type(soup.title))                                   # 输出 title 类型
print(soup.head)                                          # 输出 head 信息
print(soup.p)                                             # 输出 p 标签信息
```

上述代码输出结果如下：

```
<title>This is a python demo page</title>
<class 'bs4.element.Tag'>
<head><title>This is a python demo page</title></head>
<p class="title"><b>The demo python introduces several python courses.</b></p>
```

获取各项元素的名称信息，代码如下：

```
import requests                                           # 导入 requests 库
from bs4 import BeautifulSoup                             # 导入 BeautifulSoup 库
r = requests.get("http://python123.io/ws/demo.html")      # 抓取网页内容
soup = BeautifulSoup(r.text,"lxml")                       # 使用 lxml 解析器解析网页内容
print(soup.title.name)                                    # 输出 title 元素的名称
```

上述代码输出结果如下：

```
title
```

获取元素的属性信息，代码如下：

```
import requests                                           # 导入 requests 库
from bs4 import BeautifulSoup                             # 导入 BeautifulSoup 库
r = requests.get("http://python123.io/ws/demo.html")      # 抓取网页内容
soup = BeautifulSoup(r.text,"lxml")                       # 使用 lxml 解析器解析网页内容
print(soup.a.attrs['href'])                               # 输出 a 元素的 href 属性
print(soup.a['href'])                                     # 另一种获取 a 元素的 href 属性的方法
```

上述代码输出结果如下：

```
http://www.icourse163.org/course/BIT-268001
http://www.icourse163.org/course/BIT-268001
```

获取元素的内容信息，代码如下：

```
import requests                                           # 导入 requests 库
from bs4 import BeautifulSoup                             # 导入 BeautifulSoup 库
r = requests.get("http://python123.io/ws/demo.html")      # 抓取网页内容
soup = BeautifulSoup(r.text,"lxml")                       # 使用 lxml 解析器解析网页内容
print(soup.a.string)                                      # 输出 a 元素的文本内容
```

上述代码输出结果如下：

Basic Python

在提取内容时,也可以嵌套提取,代码如下:

```python
import requests                                          # 导入 requests 库
from bs4 import BeautifulSoup                            # 导入 BeautifulSoup 库
r = requests.get("http://python123.io/ws/demo.html")     # 抓取网页内容
soup = BeautifulSoup(r.text,"lxml")                      # 使用 lxml 解析器解析网页内容
print(soup.head.title.string)                            # 输出 head 中 title 的文本内容
```

上述代码输出结果如下:

```
This is a python demo page
```

在提取网页内容时,可提取相应元素的子节点或者子孙节点,代码如下:

```python
import requests                                          # 导入 requests 库
from bs4 import BeautifulSoup                            # 导入 BeautifulSoup 库
r = requests.get("http://python123.io/ws/demo.html")     # 抓取网页内容
soup = BeautifulSoup(r.text,"lxml")                      # 使用 lxml 解析器解析网页内容
# 以列表的形式返回子节点
print(soup.p.contents)
# 以迭代器的形式返回子节点
print(soup.p.children)
for i,child in enumerate(soup.p.children):
    print(i,child)
# 以迭代器的形式返回子孙节点
print(soup.p.descendants)
for i,child in enumerate(soup.p.descendants):
    print(i,child)
```

上述代码输出结果如下:

```
[<b>The demo python introduces several python courses.</b>]
<list_iterator object at 0x0000000003BD6080>
0 <b>The demo python introduces several python courses.</b>
<generator object descendants at 0x0000000003B7CF10>
0 <b>The demo python introduces several python courses.</b>
1 The demo python introduces several python courses.
```

在提取网页内容时,可提取相应元素的父节点或者祖先节点,代码如下:

```python
import requests                                          # 导入 requests 库
from bs4 import BeautifulSoup                            # 导入 BeautifulSoup 库
r = requests.get("http://python123.io/ws/demo.html")     # 抓取网页内容
soup = BeautifulSoup(r.text,"lxml")                      # 使用 lxml 解析器解析网页内容
# 获取 a 标签的父节点
print(soup.a.parent)
# 获取 a 标签的父节点和祖先节点
print(list(enumerate(soup.a.parents)))
```

上述代码输出结果截取部分如下：

```
<p class = "course"> Python...courses:
<a class = "py1"... Python </a>.</p>
[(0, <p class = "course"> Python...courses:
<a class = "py1"...Python </a>.</p>), (1, <body>
<p class = "title"><b> The...courses.</b></p>
<p class = "course"> Python...courses:
<a class = "py1"... Python </a>.</p>
</body>), (2, <html><head><title> This...page </title></head>
<body>
<p class = "title"><b> The...courses.</b></p>
<p class = "course"> Python...courses:
<a class = "py1"...Python </a>.</p>
</body></html>), (3, <html><head><title> This...page </title></head>
<body>
<p class = "title"><b> The...courses.</b></p>
<p class = "course"> Python...courses:
<a class = "py1"...Python </a>.</p>
</body></html>)]
```

在提取网页内容时，可提取相应元素的兄弟节点，代码如下：

```
import requests                                          # 导入 requests 库
from bs4 import BeautifulSoup                            # 导入 BeautifulSoup 库
r = requests.get("http://python123.io/ws/demo.html")     # 抓取网页内容
soup = BeautifulSoup(r.text,"lxml")                      # 使用 lxml 解析器解析网页内容
print(soup.p.previous_siblings)                          # 输出上一个兄弟节点
print(soup.p.next_siblings)                              # 输出下一个兄弟节点
```

上述代码输出结果如下：

```
<generator object previous_siblings at 0x0000000003B7CF10>
<generator object next_siblings at 0x0000000003B7CF10>
```

2. 标准选择器

标准选择器主要通过"find_all"或者"find"命令查找名称或者属性，从而提取相应内容，"find_all"命令返回符合条件的所有内容，可通过名称进行查找，代码如下：

```
import requests                                          # 导入 requests 库
from bs4 import BeautifulSoup                            # 导入 BeautifulSoup 库
r = requests.get("http://python123.io/ws/demo.html")     # 抓取网页内容
soup = BeautifulSoup(r.text,"lxml")                      # 使用 lxml 解析器解析网页内容
print(soup.find_all("p"))                                # 输出所有名称为 p 的内容列表
for item in soup.find_all("p"):                          # 在名称为 p 的内容中,输出含有 a 的内容
    print(item.find_all("a"))
```

首先输出所有名称为 p 的内容列表，然后在所有名称为 p 的内容中，输出含有 a 的内容，输出结果如下：

```
[<p class="title"><b>The demo python introduces several python courses.</b></p>, <p class="course">Python···courses:
<a class="py1" href="http://www.../BIT-268001" id="link1">Basic Python</a> and <a class="py2" href="http:···BIT-1001870001" id="link2">Advanced Python</a>.</p>]
[]
[<a class="py1" href="http://www...BIT-268001" id="link1">Basic Python</a>, <a class="py2" href="http://www.icourse163.org/course/BIT-1001870001" id="link2">Advanced Python</a>]
```

标准选择器也可通过属性进行查找,如 id、class 等,代码如下:

```
import requests                                          # 导入 requests 库
from bs4 import BeautifulSoup                            # 导入 BeautifulSoup 库
r = requests.get("http://python123.io/ws/demo.html")     # 抓取网页内容
soup = BeautifulSoup(r.text,"lxml")                      # 使用 lxml 解析器解析网页内容
print(soup.find_all(attrs = {"id":"link2"}))
print(soup.find_all(attrs = {"class":"title"}))
print(soup.find_all(id = "link2"))
print(soup.find_all(class_ = "title"))
```

上述代码输出结果如下:

```
[<a class="py2" href="http://www.icourse163.org/course/BIT-1001870001" id="link2">Advanced Python</a>]
[<p class="title"><b>The demo python introduces several python courses.</b></p>]
[<a class="py2" href="http://www.icourse163.org/course/BIT-1001870001" id="link2">Advanced Python</a>]
[<p class="title"><b>The demo python introduces several python courses.</b></p>]
```

标准选择器除了"find_all"或者"find"命令外,还有其他命令,如表 9-4 所示。

表 9-4 标准选择器命令

命 名	解 释
find_parents()	返回所有祖先节点
find_parent()	返回直接父节点
find_next_siblings()	返回后面所有的兄弟节点
find_next_sibling()	返回后面第一个兄弟节点
find_previous_siblings()	返回前面所有的兄弟节点
find_previous_sibling()	返回前面第一个兄弟节点
find_all_next()	返回节点后所有符合条件的节点
find_next()	返回节点后第一个符合条件的节点
find_all_previous()	返回节点后所有符合条件的节点
find_previous()	返回第一个符合条件的节点

以上命令使用方法与"find_all"命令类似,不再赘述。

3. CSS 选择器

CSS 选择器通过 select()函数传入的 CSS 选择器进行选择,可获取名称、属性或文本内

容,从而提取相应内容,代码如下:

```
import requests                                          # 导入 requests 库
from bs4 import BeautifulSoup                            # 导入 BeautifulSoup 库
r = requests.get("http://python123.io/ws/demo.html")     # 抓取网页内容
soup = BeautifulSoup(r.text,"lxml")                      # 使用 lxml 解析器解析网页内容
print(soup.select(".title b"))                           # 输出 class 为 title 中标签为 b 的内容
print(soup.select("#link2"))                             # 输出 id 为 link2 的内容
```

在提取过程中,提取 class 项在 class 名前加".",提取 id 项在 id 前加"#",其他项不加前缀,输出结果如下:

```
[<b>The demo python introduces several python courses.</b>]
[<a class="py2" href="http://www.icourse163.org/course/BIT-1001870001" id="link2">Advanced Python</a>]
```

利用 CSS 选择器提取的内容为符合条件的所有内容,即返回值为列表,如果要继续提取下属内容,使用[0]提取符合条件的第一条内容,再继续进行对属性等的提取,代码如下:

```
import requests                                          # 导入 requests 库
from bs4 import BeautifulSoup                            # 导入 BeautifulSoup 库
r = requests.get("http://python123.io/ws/demo.html")     # 抓取网页内容
soup = BeautifulSoup(r.text,"lxml")                      # 使用 lxml 解析器解析网页内容
print(soup.select("#link2")[0]["class"])                 # 输出 id 为 link2 中的 class 属性
print(soup.select("#link2")[0].attrs["class"])           # 同上功能的另一种形式
```

上述代码输出结果如下:

```
['py2']
['py2']
```

利用 CSS 选择器也可获得标签里的文本内容,代码如下:

```
import requests                                          # 导入 requests 库
from bs4 import BeautifulSoup                            # 导入 BeautifulSoup 库
r = requests.get("http://python123.io/ws/demo.html")     # 抓取网页内容
soup = BeautifulSoup(r.text,"lxml")                      # 使用 lxml 解析器解析网页内容
print(soup.select("#link2")[0].get_text())               # 输出 id 为 link2 中的文本内容
```

上述代码输出结果如下:

```
Advanced Python
```

9.3.3 BeautifulSoup 解析库的应用

【例 9-4】 爬取豆瓣读书书目。利用 BeautifulSoup 库可提取爬取网页的内容,得到有价值的信息,如提取豆瓣读书页面中的书目信息,豆瓣读书页面地址为 https://book.douban.com/,页面如图 9-4 所示。

利用 requests 库爬取网页内容,代码如下:

图 9-4 豆瓣读书页面

```
import requests                              # 导入 requests 库
from bs4 import BeautifulSoup                # 导入 BeautifulSoup 库
r = requests.get("https://book.douban.com/") # 抓取豆瓣读书内容
soup = BeautifulSoup(r.text,"lxml")          # 使用 lxml 解析器解析网页内容
print(soup)                                  # 输出爬取到的内容
```

输出结果为豆瓣读书网页 HTML 代码,可看到书目信息结构如下:

```
< div class = "bd"><div class = "carousel"><div class = "slide-list">
< ul class = "list-col list-col5 list-express slide-item"><li class ="">
< div class = "cover">< a href = "https://book.douban.com/subject/30194861/?icn = index-editionrecommend" title = "迷宫森林">< img alt = "迷宫森林" class = "" height = "172px" src = "https://img1.doubanio.com/view/subject/m/public/s29740437.jpg" width = "115px"/>
</a></div>< div class = "intervenor-info">
< img class = "jd-icon" height = "16" src = "https://img3.doubanio.com/f/book/ef040178fab1770d60e3f2f12ba4c7aa70714396/pics/book/partner/jd_recommend.png" width = "16"/>
< span >推荐</span >
</div>< div class = "info">< div class = "title">< a class = "" href = "https://book.douban.com/subject/30194861/?icn = index-editionrecommend" title = "迷宫森林">迷宫森林</a>
</div>< div class = "author">
            [美]梅利莎·阿尔伯特
        </div>
< div class = "more-meta">< h4 class = "title">
```

```
                迷宫森林
                </h4><p><span class = "author">
                    [美]梅利莎·阿尔伯特
                </span>
                /
                <span class = "year">
                    2018 - 5
                </span>
                /
                <span class = "publisher">
                    百花洲文艺出版社
</span></p><p class = "abstract">
                    17岁…机缘巧合,…
                </p>
</div></div></li>
```

以上信息为某一书目的 HTML 代码,由于篇幅有限在内容上进行了一定的截取,但结构与原 HTML 代码一致。在爬取到的豆瓣读书 HTML 代码中,还可看到类似的其他书目信息,结构与上述代码结构一致。通过观察发现,所有书目信息都放在"<ul class="list-col list-col5 list-express slide-item">……</ul>"里,每条书目在"<ul>"标签里的"<li>"标签里,包含书目相关信息,包括书名、作者等,先提取书名,其中书名被包含在 class 为"cover"的标签里,在"a"标签中的"title"里,代码如下:

```python
import requests                                          #导入 requests 库
from bs4 import BeautifulSoup                            #导入 BeautifulSoup 库
r = requests.get("https://book.douban.com/")             #抓取豆瓣读书内容
soup = BeautifulSoup(r.text,"lxml")                      #使用 lxml 解析器解析网页内容
for li in soup.select('.list - express li'):             #提取网页上所有书目信息
    print(li.select('.cover')[0].a['title'])             #提取书目的书名
```

在上述代码中,利用 BeautifulSoup 库的 CSS 选择器提取书目信息,因为"li.select('.cover')"返回信息为列表,所以需将列表的第一个元素提取,即使用"li.select('.cover')[0]"命令,通过提取返回了页面的所有书目的书名,部分输出结果如下:

```
迷宫森林
假如真有时光机
读书毁了我
每一天梦想练习
纽约:一座超级城市是如何运转的
…
```

按照结构依次提取所有书目的相关信息,包括书目链接、书名、作者、出版日期信息,代码如下:

```python
import requests                                          #导入 requests 库
from bs4 import BeautifulSoup                            #导入 BeautifulSoup 库
r = requests.get("https://book.douban.com/")             #抓取豆瓣读书内容
```

```
soup = BeautifulSoup(r.text,"lxml")                    #使用lxml解析器解析网页内容
for li in soup.select('.list-express li'):             #提取网页上所有书目信息
    urlTit = li.select('.cover')
    print(urlTit[0].a['href'],end=" ")                 #提取书目链接
    print(urlTit[0].a['title'],end=" ")                #提取书名
    print(li.select('.info p .author')[0].string.strip(),end=" ")   #提取作者
    print(li.select('.info p .year')[0].string.strip())             #提取出版日期
```

上述代码部分输出结果如下:

https://book.douban.com/subject/30194861/?icn=index-editionrecommend 迷宫森林 [美]梅利莎·阿尔伯特 2018-5
https://book.douban.com/subject/30177173/?icn=index-editionrecommend 假如真有时光机 [日]村上春树 2018-5-1
https://book.douban.com/subject/30180756/?icn=index-editionrecommend 读书毁了我 王强 2018-3
......

利用 BeautifulSoup 库的标准选择器或标签选择器同样可实现提取,利用标准选择器提取豆瓣读书书目信息代码如下:

```
import requests                                         #导入requests库
from bs4 import BeautifulSoup                           #导入BeautifulSoup库
r = requests.get("https://book.douban.com/")            #抓取豆瓣读书内容
soup = BeautifulSoup(r.text,"lxml")                     #使用lxml解析器解析网页内容
for ul in soup.find_all(class_="list-col list-col5 list-express slide-item"):
    for li in ul.find_all('li'):
        urlTit = li.find(class_='cover')
        print(urlTit.a['href'], end=" ")                #提取书目链接
        print(urlTit.a['title'], end=" ")               #提取书名
        print(li.find(class_='author').string.strip(), end=" ")   #提取作者
        print(li.find(class_='year').string.strip())              #提取出版日期
```

输出结果与利用 CSS 选择器提取的结果一致,部分结果如下:

https://book.douban.com/subject/30194861/?icn=index-editionrecommend 迷宫森林 [美]梅利莎?阿尔伯特 2018-5
https://book.douban.com/subject/30177173/?icn=index-editionrecommend 假如真有时光机 [日]村上春树 2018-5-1
https://book.douban.com/subject/30180756/?icn=index-editionrecommend 读书毁了我 王强 2018-3
......

【例 9-5】 爬取猫眼电影 TOP100 榜。例 9-4 中爬取了豆瓣读书页面的书目信息,页面相对简单,在此例中爬取猫眼电影 TOP100 榜的 100 部电影信息,页面地址为"http://maoyan.com/board/4?",页面如图 9-5 所示。

通过浏览网页可发现,每个页面有 10 部电影信息,一共有 10 页,如图 9-6 所示。

每个页面的访问地址不同,首先爬取第一页中的 10 部电影信息,然后利用 requests 库爬取获得页面的所有 HTML 内容,代码如下:

图 9-5 猫眼电影 TOP100 页面

图 9-6 猫眼电影 TOP100 分页

```
import requests                                    # 导入 requests 库
from bs4 import BeautifulSoup                      # 导入 BeautifulSoup 库
r = requests.get("http://maoyan.com/board/4?")     # 抓取猫眼电影页面内容
soup = BeautifulSoup(r.text,"lxml")                # 使用 lxml 解析器解析网页内容
print(soup)                                        # 输出爬取到的内容
```

截取部分输出结果如下：

```
...
<header>
<h3><span class="icon">●</span>
很抱歉,您的访问被禁止了</h3>
</header>
<main>
<p>💡 如何恢复?</p>
<ol>
<li>
        您可以尝试切换网络环境,例如：关闭 WiFi、关闭 VPN 等网络代理再尝试访问
    </li>
<li>
        如果您认为当前网络的封禁是误报,请提交您的联系方式,以便我们核实
...
```

通过上述爬取结果可知,请求网站并没有返回想要的内容,这是因为该网站加入了反爬虫机制。有些网站为了防止有人利用爬虫程序进行恶意攻击,会加入一些反爬虫机制,其中比较常用的是辨别请求头信息。浏览器在向服务器发起网络请求的时候,都会发送一个头文件,即 headers,比如,猫眼电影的 requests headers 如下：

```
Accept:text/html,application/xhtml+xml,application/xml;q=0.9,image/webp,*/*;q=0.8
Accept-Encoding:gzip, deflate, sdch
Accept-Language:zh-CN,zh;q=0.8
Cache-Control:max-age=0
Connection:keep-alive
Cookie:uuid=1A6E888…886FF1;__mta=1549…2.11;_lxsdk_s=%7C%7C0
Host:maoyan.com
Upgrade-Insecure-Requests:1
User-Agent:Mozilla/5.0 (Windows NT 10.0; WOW64) AppleWebKit/537.36 (KHTML, like Gecko) Chrome/55.0.2883.87 Safari/537.36
```

上述头部信息中的大多数字段都是浏览器向服务器"表明身份"的,服务器根据请求头信息判断发起请求的是浏览器还是爬虫程序,如果有头部信息,则服务器认为是浏览器也就是用户发起的请求,服务器将正常返回网页内容;如果没有头部信息,则服务器认为是爬虫程序发起的请求,不会返回正常的网页内容。所以爬虫程序访问具有这种反爬虫机制的网站时,在发起请求时,需要加入头部信息,将自己伪装成浏览器,代码如下：

```
import requests                                    # 导入 requests 库
from bs4 import BeautifulSoup                      # 导入 BeautifulSoup 库
# 定义头部信息
```

```
header = {
'Accept': 'text/html,application/xhtml+xml…q=0.8',
'Accept-Encoding': 'gzip, deflate, sdch',
'Accept-Language': 'zh-CN,zh;q=0.8',
'Cache-Control': 'max-age=0',
'Connection': 'keep-alive',
'Cookie': 'uuid=1A6E888…886FF1;__mta=1549…2.11; _lxsdk_s=%7C%7C0;',
'Host': 'maoyan.com',
'Upgrade-Insecure-Requests': '1',
'User-Agent': 'Mozilla/5.0 (Windows NT 10.0; WOW64) AppleWebKit/537.36 (KHTML, like Gecko) Chrome/55.0.2883.87 Safari/537.36'}

r = requests.get("http://maoyan.com/board/4?", headers=header)    #加入头部信息
soup = BeautifulSoup(r.text,"lxml")                                #使用lxml解析器解析网页内容
print(soup)                                                        #输出爬取到的内容
```

在requests.get()方法中加入请求头信息,此时返回结果为网页正常HTML代码,部分输出结果如下:

```
...
<dl class="board-wrapper">
<dd>
<i class="board-index board-index-1">1</i>
<a class="image-link" data-act="bordaritem-click" data-val="{movieId:1203}" href="/films/1203" title="霸王别姬">
<img alt="" class="poster-default" src="//ms0.meituan.net/mywww/image/loading_2.e3d934bf.png"/>
<img alt="霸王别姬" class="board-img" data-src="http://p1.meituan.net/movie/20803f59291c47e1e116c11963ce019e68711.jpg@160w_220h_1e_1c"/>
</a>
<div class="board-item-main">
<div class="board-item-content">
<div class="movie-item-info">
<p class="name"><a data-act="bordaritem-click" data-val="{movieId:1203}" href="/films/1203" title="霸王别姬">霸王别姬</a></p>
<p class="star">
        主演:张国荣,张丰毅,巩俐
    </p>
<p class="releasetime">上映时间:1993-01-01(中国香港)</p></div>
<div class="movie-item-number score-num">
<p class="score"><i class="integer">9.</i><i class="fraction">6</i></p>
...
```

以上信息为一部电影的HTML代码,由于篇幅有限在内容上进行了一定的截取,但结构与原HTML代码一致。在爬取到的猫眼电影页面HTML代码中,还可看到类似的其他电影信息,结构与上述代码一致。通过观察发现,每部电影信息都放在"<dd>"标签里,包括电影名称、演员信息、评分以及电影封面等信息,提取电影名,其被包含在class为movie-item-info的下属标签"name"里,代码如下:

```python
import requests                                          # 导入 requests 库
from bs4 import BeautifulSoup                            # 导入 BeautifulSoup 库
# 定义头部信息
header = {
'Accept': 'text/html,application/xhtml+xml…q=0.8',
…}

r = requests.get("http://maoyan.com/board/4?", headers=header)    # 加入头部信息
soup = BeautifulSoup(r.text,"lxml")                      # 使用 lxml 解析器解析网页内容
for li in soup.select('dd'):                             # 提取每部电影信息
    print(li.select('.movie-item-info .name')[0].string.strip())    # 电影名
```

上述代码输出结果如下:

霸王别姬
肖申克的救赎
罗马假日
这个杀手不太冷
教父
泰坦尼克号
龙猫
唐伯虎点秋香
魂断蓝桥
千与千寻

按照结构依次提取当前页面 10 部电影信息,包括电影封面、电影名、主演、上映时间和评分信息,代码如下:

```python
import requests                                          # 导入 requests 库
from bs4 import BeautifulSoup                            # 导入 BeautifulSoup 库
header = {
'Accept': 'text/html,application/xhtml+xml…q=0.8',
…}
# 以上定义头部信息

r = requests.get("http://maoyan.com/board/4?", headers=header) # 加入头部信息
soup = BeautifulSoup(r.text,"lxml")                      # 使用 lxml 解析器解析网页内容
for li in soup.select('dd'):
    print(li.select('.board-img')[0]['data-src'],end=" ")      # 电影封面
    p = li.select('.movie-item-info')[0]
    print(p.select('.name')[0].string.strip(),end=" ")         # 电影名
    print(p.select('.star')[0].string.strip(),end=" ")         # 主演
    print(p.select('.releasetime')[0].string.strip(),end=" ")  # 上映时间
    score = li.select('[class="movie-item-number score-num"]')[0]   # 评分
    print(score.select('.integer')[0].string.strip(), end=" ")
    print(score.select('.fraction')[0].string.strip())
```

上述代码部分输出结果如下:

http://p1.meituan.net/movie/208…711.jpg@160w_220h_1e_1c 霸王别姬 主演：张国荣,张丰毅,巩俐 上映时间：1993-01-01(中国香港) 9.6

http://p0.meituan.net/movie/__4019…h_1e_1c 肖申克的救赎 主演：蒂姆·罗宾斯,摩根·弗里曼,鲍勃·冈顿 上映时间：1994-10-14(美国) 9.5

http://p0.meituan.net/movie/23/6009725.jpg@160w_220h_1e_1c 罗马假日 主演：格利高利·派克,奥黛丽·赫本,埃迪·艾伯特 上映时间：1953-09-02(美国) 9.1

http://p0.meituan.net/movie/fc9…304.jpg@160w_220h_1e_1c 这个杀手不太冷 主演：让·雷诺,加里·奥德曼,娜塔莉·波特曼 上映时间：1994-09-14(法国) 9.5

http://p0.meituan.net/movie/92/8212889.jpg@160w_220h_1e_1c 教父 主演：马龙·白兰度,阿尔·帕西诺,詹姆斯·凯恩 上映时间：1972-03-24(美国) 9.3

通过以上方法爬取了一个页面中 10 部电影的信息,现要爬取榜单 100 部电影的信息。单击猫眼电影网页的不同页码,第二页的地址为"http://maoyan.com/board/4?offset=10",第三页的地址为"http://maoyan.com/board/4?offset=20",观察发现,每页都在原有地址上增加"offset=x",其中 x 为 10 的倍数,所以可通过循环方式依次爬取其他页面,得到所有电影信息,代码如下：

```
import requests                                    # 导入 requests 库
from bs4 import BeautifulSoup                      # 导入 BeautifulSoup 库
# 定义头部信息
header = {
'Accept': 'text/html,application/xhtml+xml…q=0.8',
…}
# 以下为循环方式依次取得不同页面的电影信息
for offset in range(10):
    url = 'http://maoyan.com/board/4?offset=' + str(offset*10)   # 定义地址
    r = requests.get(url, headers = header)                      # 抓取猫眼电影网页内容
    soup = BeautifulSoup(r.text,"lxml")                          # 使用 lxml 解析器解析网页内容
    for li in soup.select('dd'):
        print(li.select('.board-img')[0]['data-src'],end=" ")    # 电影封面
        p = li.select('.movie-item-info')[0]
        print(p.select('.name')[0].string.strip(),end=" ")       # 电影名
        print(p.select('.star')[0].string.strip(),end=" ")       # 主演
        print(p.select('.releasetime')[0].string.strip(),end=" ")
        score = li.select('[class="movie-item-number score-num"]')[0]   # 评分
        print(score.select('.integer')[0].string.strip(), end=" ")
        print(score.select('.fraction')[0].string.strip())
```

通过上述方法,顺利输出了 100 部电影信息,部分输出结果如下：

http://p1.meituan.net/movie/208…711.jpg@160w_220h_1e_1c 霸王别姬 主演：张国荣,张丰毅,巩俐 上映时间：1993-01-01(中国香港) 9.6

http://p0.meituan.net/movie/__4019…h_1e_1c 肖申克的救赎 主演：蒂姆·罗宾斯,摩根·弗里曼,鲍勃·冈顿 上映时间：1994-10-14(美国) 9.5

http://p0.meituan.net/movie/23/6009725.jpg@160w_220h_1e_1c 罗马假日 主演：格利高利·派克,奥黛丽·赫本,埃迪·艾伯特 上映时间：1953-09-02(美国) 9.1

…

```
100 部电影信息
…
http://p0.meituan.net/movie/5102b3f7261caa09c1c9b1212f09cc1f461902.png@160w_220h_1e_1c
英雄本色 主演：狄龙,张国荣,周润发 上映时间：2017－11－17 9.2
```

通过网络爬虫爬取的数据是数据采集的重要部分,可将采集到的数据存储到相应的文件中,以便后续数据分析工作使用,此例中将数据以 json 格式存储到文本文件中,代码是如下：

```
import requests                                          #导入 requests 库
from bs4 import BeautifulSoup                            #导入 BeautifulSoup 库
import json                                              #导入 json
#定义头部信息
header = {
'Accept': 'text/html,application/xhtml + xml…q = 0.8',
…}
#以下为循环方式依次取得不同页面的电影信息
for offset in range(10):
    url = 'http://maoyan.com/board/4?offset = ' + str(offset * 10)   #定义地址
    r = requests.get(url, headers = header)              #抓取猫眼电影网页内容
    soup = BeautifulSoup(r.text,"lxml")                  #使用 lxml 解析器解析网页内容
    for li in soup.select('dd'):
        movieImg = li.select('.board - img')[0]['data - src']#电影封面
        p = li.select('.movie - item - info')[0]
        movieName = p.select('.name')[0].string.strip()  #电影名
        movieActor = p.select('.star')[0].string.strip() #主演
        releaseTime = p.select('.releasetime')[0].string.strip()      #上映时间
        score = li.select('[class = "movie - item - number score - num"]')[0]  #评分
        integer = score.select('.integer')[0].string.strip()
        fraction = score.select('.fraction')[0].string.strip()
        #将数据存储相应格式
        content = {
            'movieImg':movieImg,                          #电影封面
            'movieName':movieName,                        #电影名
            'movieActor': movieActor,                     #主演
            'releaseTime': releaseTime,                   #上映时间
            'score' : integer + fraction                  #评分
        }
        #将数据集存储到文件中
        with open('result.txt', 'a', encoding = 'utf - 8') as f:
            f.write(json.dumps(content, ensure_ascii = False) + '\n')
            f.close()
```

通过上述代码将网络爬虫爬取到的数据存放到指定的文件中,结果如图 9-7 所示。这样将爬取到的数据存放到指定文件中,供后续数据分析使用。

图 9-7　存储爬取数据

9.4　反爬虫技术

网络爬虫技术在当前的互联网环境中普遍存在,虽然在一定程度上满足了数据资源的供给需要,但违规的网站信息抓取工作在一定程度上影响了信息安全。因此,结合大数据时代的互联网环境特点,制定反爬虫技术的应用策略,是很多互联网专业人员重点关注的问题。

9.4.1　网站反爬虫策略

爬虫和反爬虫技术是矛与盾之争,且换代周期越来越短,故需要长期化、系统化、平台化、标准化的研究,以避免每次遇到不同的爬虫和反爬虫问题都要进行重复冗余的工作。一是针对信息源网站开展反爬虫技术研究,进而针对性地提出解决方案,从而合法、高效、便捷地获取开源信息。二是针对恶意爬虫攻击,研究相应的反爬虫解决方案(例如,如何制定上下策略,如何匹配规则,如何更换惩罚等),限制网络爬虫大量的无效访问以及恶意爬取信息。只有加强网站反爬虫技术措施的应用,才能有效屏蔽爬虫工具恶意窃取数据。

9.4.2　常用反爬虫方案

1. 服务端限制

反爬虫技术通常先在服务器端进行请求限制,防止爬虫进行数据请求,从源头限制恶意数据爬取。通常有如下几种方式。

(1)"请求头设置"反爬虫策略:HTTP 的请求头是在每次向网络服务器发送请求时,传递的一组属性和配置信息。HTTP 定义了十几种请求头类型,如 python-requests、User-Agent 等,易被发现,网站运维如发现携带有这类请求头的数据包,拒绝访问,爬虫任务即刻失败,通常会返回 403 错误。

(2)"签名请求规则"反爬虫策略:签名请求指在请求 URL 中增加一个 sign 字段,通常取值为自定义字段的 md5 校验码。对于每一次 HTTP 或者 HTTPS 协议请求,网站根据访问中的签名信息验证访问请求者身份,判断是否允许继续访问。

(3)"流量限制"反爬虫策略:防护措施完备的网站会监控用户是否快速地提交表单,或者快速地与网站进行交互,从而限制速度异常、短时间大量下载信息的 IP 访问。但此种方法极其容易误伤其他正常浏览用户,因为同一区域内的其他用户可能有着相同的 IP,所以一般运维人员很少采用此方法限制爬虫。

(4)"cookie/cookies 限制"反爬虫策略:"cookie/cookies 限制"指服务器对每一个访问网页的用户都设置 cookie/cookies,给其一个 cookie/cookies 字段。网站为了辨别用户身份、进行 session 跟踪,当该 cookies 访问超过某一个阈值时就禁止该 cookie/cookies,导致数据爬取失败。

(5)"验证码限制"反爬虫策略:验证码是基于人能从图片中识别出文字和数字而机器却不能的原理产生的,是网站最常用来验证浏览者是爬取机器人还是普通用户的方式之一。但由于近几年机器学习和人工智能技术的飞速发展,机器和人之间的差距越来越小,验证码技术的发展已经迭代了多次。从最初的数字字母验证码到中文验证码,再到图像验证码,网络安全技术人员不断地与爬虫技术做斗争,验证码技术的发展史就是爬虫技术和反爬虫技术的博弈史。目前滑动拼图验证则是验证码的升级版,要求必须滑动拼图到指定位置才能通过验证进行下一步操作。爬虫工具可建立简单的验证码库,如对图片里的字母或者数字进行识别读取,可使用识图的模块包或一些验证码识别第三方库(pytesser,PIL)来破解。但复杂验证码无法通过识图识别,因此会让数据爬取失败。

2. 前端限制

前端通常利用"CSS 或 HTML 标签""自定义字体""元素错位"等干扰混淆关键数据的反爬策略,保护数据安全。

(1)"CSS 或 HTML 标签"干扰反爬虫策略。前端通过 CSS 或者 HTML 标签控制一些关键信息安全,例如,利用 CSS 来控制图片的偏移量显示出来,或把文字伪装成图片,干扰混淆关键数据。

(2)"自定义字体"反爬虫策略。某些网站在源码上的字体不是正常字体编码,而是自定义的一种字体,调用自定义的 TTF 文件来渲染网页中的文字,真实内容通过一种对应关系最终在页面上展示,而不在网页源代码中展示,通过复制或者简单的采集无法爬取到真实的数据。

(3)"元素错位"反爬虫策略。不管是爬虫还是自动化测试,元素定位是爬虫最基本且必需的一个步骤,如用 BeautifulSoup find 定位、BeautifulSoup css 定位、selenium 定位等。"元素错位"反爬虫策略是指网站维护人员通过伪装或错位一些关键信息的定位,让爬虫爬不到真实正确的内容。

(4)"隐藏元素"反爬虫策略。用隐含字段阻止网络数据采集的方式主要有两种。第一种是表单页面上的一个字段可以用服务器生成的随机变量表示。如果提交时这个值不在表单处理页面上,服务器就认为这个不是从原始表单页面上提交的,而是由一个网络机器人提交的。另一种是通过隐藏伪装元素来保护重要数据,在重要数据的标签里加入一些干扰性标签,干扰数据的获取。

本 章 小 结

本章主要介绍了网络爬虫的概念和基本原理,以及利用Python实现网络爬虫的主要方法,通过爬取新闻网页内容、相关商品信息、搜索引擎等实际案例讲解了利用requests库的requests.get()和requests.post()等抓取网页内容的主要方法,以及通过爬取豆瓣读书的数目信息和猫眼电影的电影信息实际案例讲解了利用BeautifulSoup库的标签选择器、标准选择器和CSS选择器处理与提取相关内容的主要方法。通过对本章的学习,读者能够对Python相关爬虫库和网络爬虫的实现方法有一定的了解和掌握。

第 10 章 图像操作与处理

导学

本章主要讲解有关 Python 图像操作与处理的基础知识,将通过大量示例介绍处理图像所需的 Python 图像处理类库 Pillow,并介绍用于读取图像、图像转换和缩放、画图和保存结果等的基本操作函数。

了解:图像处理类库 Pillow 的安装和 PIL 的基本概念。

掌握:图像处理类库 PIL 的常用模块,Image 模块、ImageChops 模块、ImageDraw 模块、ImageEnhance 模块、ImageFilter 模块和 ImageFont 模块的使用;PIL 对图像的基本操作,包括图像格式的转换、缩略图的创建、图像的复制和粘贴以及几何变换。

图像处理类库 PIL(Python Imaging Library,PIL)提供了通用的图像处理功能和基本图像操作,主要包括图像储存、图像显示、格式转换、图像缩放、裁剪、旋转、颜色转换等。

10.1 Pillow 的安装

PIL 仅支持到 Python 2.7,Pillow[Python Imaging Library(Fork)]是 PIL 的一个派生分支,支持 Python 3.0 以上的版本,支持 JPEG、PNG、GIF、BMP 等多种图像格式。目前 Pillow 的最新版本是 6.2.1,支持 Python 3.8。Pillow 7.0.0 于 2020 年 1 月 1 日发布,并将放弃对 Python 2.7 的支持,这使得 Pillow 6.x 成为支持 Python 2.0 的最后一个系列。

Pillow 的 Github 主页:https://github.com/python-pillow/Pillow。

Pillow 的文档:https://pillow.readthedocs.org/en/latest/handbook/index.html。

Pillow 的文档中文翻译:http://pillow-cn.readthedocs.org/en/latest/。

下面介绍 Pillow 在 Windows 平台的安装,安装方法如下:

(1) 在命令行使用 pip 安装:

```
pip installpillow
```

(2) 在命令行使用 easy_install 安装:

```
easy_install pillow
```

安装完成后,使用 from PIL import Image 引用使用库。

例如,使用 PIL 读取图像的代码如下:

```
from PIL import Image                          #导入库
file = 'D:\\python\\shutu.jpg'                 #定义图片地址
img = Image.open(file,mode = 'r')              #读取文件内容
img.show()                                     #展示图像内容
```

其中的 open 方法包含以下两个参数：

（1）file：文件对象名称，可以是文件名，也可以是图像文件字符串。

（2）mode：打开模式，默认只能是 r 模式，否则会报错；当 file 是图像字符串时，会调用系统的 rb 模式读取。

通过 open 读取之后会返回一个图像文件对象，后续所有的图像处理都基于该对象进行。上述代码执行后，通过 img.show() 会调用系统默认的图像浏览器打开图像进行查看。如图 10-1 所示。

图 10-1　调用 img.show()展示图像

10.2　PIL 的基本概念

PIL 中所涉及的基本概念有：通道(bands)、模式(mode)、尺寸(size)、坐标系统(coordinate system)、调色板(palette)、信息(info)和滤波器(filters)。

1. 通道

每张图片都是由一个或者多个数据通道构成的。PIL 允许在单张图片中合成相同维度和深度的多个通道。灰度图像，只有一个通道。而 RGB 图像，每张图片都是由 3 个数据通道构成的，分别为 R、G 和 B 通道。

getbands()方法可以获取一张图片的通道数量和名称，使用方法如下：

```
from PIL import Image                          #导入库
im = Image.open('D:\\python\\shutu.jpg ')      #读取文件内容
im_bands = im.getbands()                       #获取图片的通道数量和名称
len(im_bands)
print(im_bands[0])                             #输出通道,结果为R
print(im_bands[1])                             #输出通道,结果为G
print(im_bands[2])                             #输出通道,结果为B
```

结果如下：

```
R
G
B
```

2. 模式

图像的模式表明图像所使用的像素格式，代表性的取值为"1""L""RGB"或"CMYK"。其定义了图像的类型和像素的位宽。当前支持模式包括以下几种：

(1) 1：1 位像素，为黑白图像，存储时每个像素存储为 8bit(0 为黑，255 为白)。

(2) L：8 位像素，为灰色图像。

(3) P：8 位像素，使用调色板映射到其他模式。

(4) RGB：3×8 位像素，为真彩色。

(5) RGBA：4×8 位像素，有透明通道的真彩色。

(6) CMYK：4×8 位像素，颜色分离。

(7) YCbCr：3×8 位像素，彩色视频格式。

(8) I：32 位整型像素。

(9) F：32 位浮点型像素。

属性 mode 的使用如下所示：

```
from PIL import Image                          #导入库
im = Image.open('D:\\python\\shutu.jpg ')     #读取文件内容
md = im.mode                                   #读取模式
print (md)
```

结果如下所示，返回图像模式。

```
RGB
```

3. 尺寸

size 是指图像的尺寸。其返回值是宽度和高度的二元组，包含水平和垂直方向上的像素数。属性 size 的使用如下所示：

```
from PIL import Image                          #导入库
im = Image.open('D:\\python\\shutu.jpg ')     #读取文件内容
im_size = im.size                              #读取图像尺寸
print (im_size[0])
print (im_size[1])
```

结果如下所示，返回图像的宽度与高度。

```
750
1016
```

4. 坐标系统

PIL 使用笛卡尔像素坐标系统，坐标(0,0)位于左上角。

注意：坐标值表示像素的角点，位于坐标(0,0)处的像素的中心实际上位于(0.5,0.5)。坐标经常用于二元组(x,y)。长方形则表示为四元组，前面是左上角坐标。例如，一个覆盖 300×400 的像素图像的长方形表示为(0,0,300,400)。

5. 调色板

调色板模式(P)使用调色板定义每个像素的实际颜色。

6. 信息

信息是存储图像相关数据的字典。使用该字典传递从文件中读取的各种非图像信息。加载和保存图像文件时，文件格式决定了多少信息需要被处理。

7. 滤波器

滤波器是将多个输入像素映射为一个输出像素的几何操作。

PIL 的采样滤波器包括以下几种：

(1) NEAREST：最近滤波。从输入图像中选取最近的像素作为输出像素，且忽略所有其他的像素。

(2) BILINEAR：双线性滤波。在输入图像的 2×2 矩阵上进行线性插值。

(3) BICUBIC：双立方滤波。在输入图像的 4×4 矩阵上进行立方插值。

(4) ANTIALIAS：平滑滤波。只用于改变图像尺寸和缩略图方法，是下采样滤波器。例如，将一个大的图像转换为小的图像。

10.3 PIL 的常用模块

PIL 库主要可以实现两个方面的功能需求，包括图像归档和图像处理。

(1) 图像归档：批处理图像、生成图像预览、转换图像格式等。

(2) 图像处理：图像基本处理、像素处理、颜色处理等。

PIL 库共包括 21 个不同功能与图像相关的类，这些类可以被看作是子库或 PIL 库中的模块。分别是：Image、ImageChops、ImageColor、ImageDraw、ImageEnhance、ImageFile、ImageFilter、ImageFont、ImageGrab、ImageMath、ImageOps、ImagePalette、ImagePath、ImageQt、ImageSequence、ImageStat、ImageTk、ImageWin、PSDraw 模块。本节将介绍几个常用的模块。

10.3.1 Image 模块

Image 模块是 PIL 中最重要的模块，提供了创建、打开、显示和保存等诸多图像的操作功能，还有合成、裁剪、滤波等处理图像的功能，以及获取图像属性，如图像直方图、通道数等功能。

PIL 中 Image 模块提供了一个相同名称的 Image 类，可以使用 Image 类从大多数图像格式的文件中读取数据，然后写入最常见的图像格式中。读取一幅图像，可以使用：

```
from PIL import Image                           #导入库
pil_im = Image.open('D:\\python\\shutu.jpg ')   #读取文件内容
```

上述代码的返回值 pil_im 是一个 PIL 图像对象。

```
newIm = Image.new('RGB',(480,320),(0,255,0))        #创建图像对象
```

也可以直接用 Image.new(mode,size,color=None)创建图像对象,color 的默认值是黑色。这里创建一个像素为 480×320,背景为蓝色的 RGB 空白图像。

图像的颜色转换可以使用 Image 类的 convert()方法实现。如将一幅彩色图片 xin.jpg 转换成灰度图像,需要加 convert('L'),代码如下:

```
pil_im = Image.open('xin.jpg').convert('L')        #读取文件并转换成灰度图像
```

10.3.2 ImageChops 模块

ImageChops 模块包含一些算术图形操作,叫作 channel operations("chops")。这些操作可用于图像特效、图像组合、算法绘图等。通道操作只用于 8 位图像(如"L"模式和"RGB"模式)。大多数通道操作接收一个或两个图像参数,并返回一个新的图像。

ImageChops 模块中包含多个函数,下面举例说明。

1. duplicate()的使用方法

格式:duplicate(image) ⇒ image。

说明:返回给定图像的拷贝。

函数 duplicate()的使用如下所示:

```
from PIL import Image                              #导入库
im = Image.open('D:\\python\\xray.jpg ')           #读取文件内容
from PIL import ImageChops
im_dup = ImageChops.duplicate(im)                  #复制图像,返回给定图像的副本
print(im_dup.mode)                                 #输出模式为'RGB'
#返回两幅图像逐个像素差的绝对值形成的图像
im_diff = ImageChops.difference(im,im_dup)
im_diff.show()
```

由于图像 im_dup 是由 im 复制过来的,所以像素差为 0,图像 im_diff 显示为全黑图,结果如图 10-2 所示。

(a) 原图   (b) 形成的图像

图 10-2 函数 duplicate()实现

2. constant()的使用方法

格式:constant(image,value)⇒image。

说明：返回一个被给定的像素值填充并与给定图像尺寸一样的图像。

函数 constant()的使用如下所示：

```
from PIL import Image,ImageChops          #导入库
im = Image.open('D:\\python\\shutu.jpg')  #读取文件内容
im01 = ImageChops.constant(im,100)        #返回一个给定像素值填充的图像
im01.show()
```

3. invert()的使用方法

格式：invert(image) $\Rightarrow$ image

说明：返回最大值 255 减去当前值的图像。

函数 invert()的使用如下所示：

```
from PIL import Image,ImageChops
im = Image.open('D:\\python\\shutu.jpg')
im01 = ImageChops.invert(im)              #返回最大值 255 减去当前值的图像
im01.show()
```

结果如图 10-3 所示。

(a) 原图　　　　　(b) 转换后的图像

图 10-3　函数 invert()的实现

4. lighter()的使用方法

格式：lighter(image1，image2) $\Rightarrow$ image。

说明：逐个像素比较，选择较大值作为新图像的像素值。

函数 lighter()的使用如下所示：

```
from PIL import Image,ImageChops            #导入库
im01 = Image.open('D:\\python\\shutu.jpg')  #读取文件 1 内容
im02 = Image.open('D:\\python\\shutu2.jpg') #读取文件 2 内容
#逐像素比较，选择较大值作为新图像 im 的像素值
im = ImageChops.lighter(im01, im02)
im.show()
```

两幅图像逐像素比较，选择较大值作为新图像的像素值，像素值越大，图像越亮，结果如图 10-4 所示。

(a) im01　　　　　　(b) im02　　　　　　(c) im

图 10-4　函数 lighter()的实现

10.3.3　ImageDraw 模块

ImageDraw 模块为 Image 提供了基本的图形处理能力,如图形的 2D 绘制,可以绘制直线、弧线、矩形、多边形、椭圆、扇形等。可以使用这个模块创建新的图像,注释或润饰已存在的图像,为 web 应用实时产生各种图形。

ImageDraw 模块的基础知识有以下 4 点。

(1) Coordinates：绘图接口使用和 PIL 一样的坐标系统,即(0,0)为左上角。

(2) Colours：为了指定颜色,用户可以使用数字或者元组。对于模式为"1""L"和"I"的图像,使用整数。对于"RGB"图像,使用整数组成的 3 元组。对于"F"图像,使用整数或者浮点数。

(3) Colours Names：用户绘制"RGB"图像时,可以使用字符串常量。PIL 支持的字符串格式包括以下 4 种。

① RGB 函数。rgb(red, green, blue),变量 red、green、blue 的取值为[0,255]上的整数。另外,颜色值也可以为[0%,100%]之间的 3 个百分比,例如,rgb(255, 0, 0)和 rgb(100%, 0%, 0%)都表示纯红色。

② 十六进制颜色说明符。♯rgb 或者♯rrggbb。例如,♯ff0000 表示纯红色。

③ HSL(Hue-Saturation-Lightness)函数。hsl(hue, saturation%, lightness%),变量 hue 为[0,360]一个角度表示颜色(red=0, green=120, blue=240),变量 saturation 为[0%,100%]上的一个值(gray=0%, full color=100%),变量 lightness 为[0%,100%]上的一个值(black=0%, normal=50%, white=100%)。例如,hsl(0,100%,50%)为纯红色。

④ 通用 HTML 颜色名称。ImageDraw 模块提供了 140 个标准颜色名称。颜色名称对大小写不敏感。例如,red 和 Red 都表示纯红色。

(4) Fonts：PIL 可以使用 Bitmap 字体或者 OpenType/TrueType 字体。Bitmap 字体被存储在 PIL 格式中,一般包括两个文件,即.pil(包含字体的矩阵)和.pbm(包含栅格数据)。在 ImageFont 模块中,使用函数 load()加载一个 Bitmap 字体,使用函数 Truetype()加载一个 OpenType/TrueType 字体。注意,这个函数依赖于第三方库,而且并不是在所有的 PIL 版本中都有效。

ImageDraw 模块中包含多个方法,下面举例说明。

1. Draw()的使用方法

格式：Draw(image) ⇒ Draw instance。

说明：创建一个可以在给定图像上绘图的对象（图像内容将会被修改）。

Draw()的使用如下所示：

```
from PIL import Image, ImageDraw                    #导入库
im = Image.open('D:\\python\\xray.jpg ')            #读取文件内容
draw = ImageDraw.Draw(im)                           #创建一个绘图对象
#在新图像上绘制线
draw.line((0,0) + im.size, fill = 255)              #im.size 是图像大小
draw.line((0, im.size[1], im.size[0], 0), fill = 255)  #fill = 255 为给定颜色
im.show()
```

结果如图 10-5 所示。

图 10-5　Draw()绘制对角线

2. arc()的使用方法

格式：draw.arc([x1,y1,x2,y2], start, end, options)。

说明：在左上角坐标(x1,y1)，右下角坐标(x2,y2)的区域内，在开始(Start)和结束(End)角度之间绘制一条弧（圆的一部分）。变量 options 中的 fill 设置弧的颜色，弧线都是按照顺时针方向绘制的。

方法 arc()的使用如下所示：

```
from PIL import Image, ImageDraw                    #导入库
im = Image.new('RGB',(480,320),(128,128,128))       #创建一副新图像
draw = ImageDraw.Draw(im)                           #创建一个绘图对象
#在给定的区域内，在开始和结束角度之间绘制一条 270 度的绿色弧线
draw.arc((100,100,200,200),0, -90,fill = (0,255,0))
im.show()
```

3. chord()的使用方法

格式：draw.chord(xy,start, end, options)。

说明：与方法 arc()一样，但是使用直线连接弧起始点。变量 options 的 outline 给定弦轮廓的颜色，fill 给定弦内部的颜色。

方法 chord()的使用如下：

```
from PIL import Image, ImageDraw                          #导入库
im = Image.new('RGB',(320,320),(200,233,233))             #创建一副新图像
draw = ImageDraw.Draw(im)
draw.chord((10,100,300,300),0,90,outline = (0,0,255))     #画一条弦
draw.chord((10,100,300,300),90,180, fill = (54,54,54))    #画弦并将弦内填充颜色
im.show()
```

结果如图 10-6 所示。

图 10-6　方法 chord() 绘制结果

4. ellipse() 的使用方法

格式：draw.ellipse(xy,options)。

说明：在给定的区域绘制一个椭圆形。变量 options 中的 outline 给定椭圆形轮廓的颜色，fill 给定椭圆形内部的颜色。

方法 ellipse() 的使用如下：

```
draw.ellipse((0,0, 100,200), fill = (255, 0, 0))          #绘制红色椭圆
```

5. line() 的使用方法

格式：draw.line(xy,options)。

说明：在变量 xy 列表所表示的坐标之间画线。坐标列表可以是任何包含二元组[(x, y),…]或者数字[x,y,…]的序列对象。它至少包括两个坐标。变量 options 中的 fill 给定线的颜色，width 给定线的宽度。

方法 line() 的使用如下：

```
draw.line([(100,0),(100,300),(200,500)], fill = (0,255,0), width = 5)
```

6. polygon() 的使用方法

格式：draw.polygon(xy,options)。

说明：绘制一个多边形。多边形轮廓由给定坐标之间的直线组成，在最后一个坐标和第一个坐标间增加了一条直线，形成多边形。坐标列表是包含二元组[(x,y),…]或者数字[x,y,…]的任意序列对象，最少包括 3 个坐标值。变量 options 中的 fill 给定多边形内部的颜色。

方法 polygon() 的使用如下：

```
draw.polygon([400, 300, 100, 500, 400, 500], fill = (0, 0, 255))
```

10.3.4 ImageEnhance 模块

ImageEnhance 模块包括一些用于图像增强的类，分别为 Color 类（色彩增强）、Brightness 类（亮度增强）、Sharpness 类（图像尖锐化）和 Contrast 类（对比度增强）。

所有的增强类都实现了一个通用的接口，包括以下的一个方法：

格式：enhancer.enhance(factor) ⇒ image。

说明：该方法返回一个增强过的图像。变量 factor 是一个浮点数，控制图像的增强程度。若变量 factor 为 1.0，则不对原图像做任何改变，直接返回原图像的一个副本。

下面介绍 ImageEnhance 模块的使用。

1. 色彩增强

色彩增强用于调整图像的颜色均衡。

格式：ImageEnhance.Color(image) ⇒ Color enhancer instance。

说明：创建一个增强对象，并调整图像的颜色。增强因子为 0.0，产生的是黑白图像，为 1.0 保持原始图像不变。

Color() 的使用如下所示：

```
from PIL import Image, ImageEnhance       #导入库
im = Image.open('D:\\python\\xye.jpg')    #读取文件内容
im_1 = ImageEnhance.Color(im).enhance(2.0)  #增强因子为2.0
im_1.show()
```

2. 亮度增强

亮度增强类用于调整图像的亮度。

格式：ImageEnhance.Brightness(image) ⇒ Brightnessenhancer instance。

说明：创建一个调整图像亮度的增强对象。增强因子为 0.0 将产生黑色图像，为 1.0 将保持原始图像不变。

Brightness() 的使用如下所示：

```
from PIL import Image, ImageEnhance          #导入库
im = Image.open('D:\\python\\shutu3.jpg')    #读取文件内容
enhancer = ImageEnhance.Brightness(im)       #将im传给enhancer类
#调用enhance()方法,传入的参数指定将亮度增强2倍
im0 = enhancer.enhance(2.0)
im0.show()
```

enhance() 的参数 factor 决定着图像的亮度情况，结果是图像 im0 的亮度增强了 2 倍，如图 10-7 所示。

3. 图像尖锐化

锐度增强类用于调整图像的锐度。

格式：ImageEnhance.Sharpness(image) ⇒ Sharpness enhancer instance。

说明：创建一个调整图像锐度的增强对象。增强因子为 0.0 将产生模糊图像，为 1.0 将保持原始图像不变，为 2.0 将产生锐化过的图像。

(a) 原图　　　　　　　　　　(b) 亮度增强后的图像

图 10-7　ImageEnhance 模块 Brightness 方法实现

Sharpness()的使用如下所示：

```
from PIL import Image, ImageEnhance          # 导入库
im = Image.open('D:\\python\\xray.jpg')      # 读取文件内容
enhancer = ImageEnhance.Sharpness(im)        # 将 im 传给 enhancer 类
im0 = enhancer.enhance(3.0)                  # 尖锐化处理
im0.show()
```

结果如图 10-8 所示。

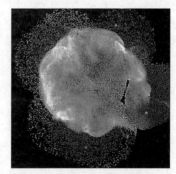

(a) 原图　　　　　　　　　　(b) 尖锐化后的图像

图 10-8　ImageEnhance 模块 Sharpness 方法实现

4. 对比度增强

对比度增强类用于调整图像的对比度。

格式：ImageEnhance.Contrast(image) ⇒ Contrast enhancer instance。

说明：创建一个调整图像对比度的增强对象。增强因子为 0.0 将产生纯灰色图像，为 1.0 将保持原始图像不变。

Contrast()的使用如下所示：

```
Im_1 = ImageEnhance.Contrast(im).enhance(0.1)
```

综合处理一幅图像，对图像调整亮度、对比度、色度以及增强图像的锐度，代码如下：

```
from PIL import Image, ImageEnhance                    # 导入库
im = Image.open('D:\\python\\xye.jpg')                 # 读取文件内容
im_1 = ImageEnhance.Color(im).enhance(2.0)             # 色彩增强
im_1 = ImageEnhance.Brightness(im).enhance(2.0)        # 亮度增强
im_1 = ImageEnhance.Sharpness(im).enhance(3.0)         # 锐度增强
im_1 = ImageEnhance.Contrast(im).enhance(2.0)          # 对比度增强
im_1.show()
```

结果如图 10-9 所示。

(a) 原图　　　　　　　　　　　　　　(b) 处理后的图像

图 10-9　ImageEnhance 模块综合实现

10.3.5　ImageFilter 模块

ImageFilter 模块包括各种滤波器的预定义集合，与 Image 类的 filter()方法一起使用。该模块包含一些图像增强的滤波器：BLUR、CONTOUR、DETAIL、EDGE_ENHANCE、EDGE_ENHANCE_MORE、EMBOSS、FIND_EDGES、SMOOTH、SMOOTH_MORE、SHARPEN。下面以 BLUR、CONTOUR 和 EMBOSS 为例。

1. BLUR

ImageFilter.BLUR 为模糊滤波，处理之后的图像会整体变得模糊，使用方法如下所示，结果如图 10-10(b)所示。

```
from PIL import Image, ImageFilter                    # 导入库
im = Image.open('D:\\python\\shutu.jpg')              # 读取文件内容
imout = im.filter(ImageFilter.BLUR)                   # 模糊滤波
# 图像的尺寸大小(150,120),是一个二元组,即水平和垂直方向上的像素
imout.size
imout.show()
```

2. CONTOUR

ImageFilter.CONTOUR 为轮廓滤波，会将图像中的轮廓信息全部提取出来，使用方法如下所示，结果如图 10-10(c)所示。

```
from PIL import Image, ImageFilter                    # 导入库
im = Image.open('D:\\python\\shutu.jpg')              # 读取文件内容
im0 = im.filter(ImageFilter.CONTOUR)                  # 轮廓滤波
im0.show()
```

3. EMBOSS

ImageFilter.EMBOSS 为浮雕滤波,会使图像呈现出浮雕效果,使用方法如下所示,结果如图 10-10(d)所示。

```
from PIL import Image, ImageFilter          # 导入库
im = Image.open('D:\\python\\shutu.jpg')    # 读取文件内容
im0 = im.filter(ImageFilter.EMBOSS)         # 浮雕滤波
im0.show()
```

(a) 原图 (b) BLUR 后的图像

(c) CONTOUR 后的图像 (d) EMBOSS 后的图像

图 10-10 ImageFilter 模块实现

10.3.6 ImageFont 模块

ImageFont 模块定义了一个同名的类,即 ImageFont 类。这个类的实例中存储着 Bitmap 字体,需要与 ImageDraw 类的 text()方法一起使用。

格式:ImageFont.truetype(file,size)⇒Font instance。

说明：加载一个 truetype 字体文件，并且创建一个字体对象。这个函数从指定的文件加载一个字体对象，并且为指定大小的字体创建字体对象。

下面介绍 ImageFont 模块的使用。

【例 10-1】 在指定的图片上加载文字对象。

在 Windows 系统下，字体文件位于 C:\Windows\Fonts 文件夹下。本实例中用到的是 Verdana.ttf 字体文件。可以根据实际需要，从 Fonts 文件夹下选择所需字体文件。

```
from PIL import Image, ImageDraw, ImageFont          #导入库
im = Image.open('D:\\python\\shutu5.jpg')            #读取文件内容
draw = ImageDraw.Draw(im)
#从指定的文件加载一个字体对象，并且为指定大小的字体创建字体对象
font = ImageFont.truetype('C:\\WINDOWS\\Fonts\\SIMYOU.TTF',20)
#在(100,100)坐标点开始绘制字体对象，u 在填加汉字时使用
draw.text((100,100),u'中国医科大学计算机教研室',font = font,fill = 'white')
ft = ImageFont.truetype('c:\\Windows\\Fonts\\Verdana.ttf', 30)
draw.text((30,400),'www.cmu.edu.cn',font = ft,fill = 'green')
im.show()
```

结果如图 10-11 所示。

图 10-11　ImageFont 模块实现

10.4　PIL 对图像的基本操作

图像处理类库 PIL 提供了通用的图像处理功能和基本图像操作，本节将重点介绍图像格式的转换、缩略图的创建、图像的复制和粘贴以及几何变换。

10.4.1　图像格式的转换

图像处理类库 PIL 可实现不同图像格式的转换。使用 Image 模块的 open()函数打开的彩色图像，返回的图像对象模式都是"RGB"。而对于灰度图像，不管其图像格式是 PNG，还是 BMP，或者 JPG，打开后，其模式都为"L"。

在打开图像时，PIL 会将图像解码为三通道的"RGB"模式。可以基于这个图像，对其进

行处理。然后,使用函数 save(),将处理结果保存成 PNG、BMP 和 JPG 中的任何格式。其他格式的彩色图像也可以通过这种方式完成转换。对于不同格式的灰度图像,也可通过类似途径完成,只是 PIL 解码后是模式为"L"的图像。

convert()函数

格式:convert(mode) ⇒ image。

说明:使用不同的参数,将当前的图像转换为新的模式,并产生新的图像作为返回值。

将图像的"RGB"模式转换为"1"模式。模式"1"为二值图像,非黑即白。但是它每个像素用 8bit 表示,0 表示黑,255 表示白。

例如将"RGB"模式的彩色图像转换为模式"1"的二值图像,具体操作代码如下:

```
from PIL import Image                      # 导入库
im = Image.open('D:\\python\\xin.jpg')     # 读取文件内容
im_1 = im.convert('1')                     # 图像转为为"1"模式
im_1.show()
```

结果如图 10-12 所示。

图 10-12 转换后的模式"1"图像

【例 10-2】 从文件名列表(filelist)中读取所有的图像文件,并转换成 JPEG 格式。

```
from PIL import Image                                    # 导入库
import os                                                # 导入 os 模块
path1 = 'D:\\python\\image\\'                            # 设置 path1 的路径
filelist = os.listdir(path1)                             # 获取目录下所有文件
for infile in filelist:                                  # for 循环体
    outfile = os.path.splitext(infile)[0] + '.jpg'       # 生成的新 jpg 文件名
    print(infile, outfile)                               # 输出原文件与输出文件格式
    if infile != outfile:                                # 判断格式是否相同
        try:
            im = Image.open(path1 + infile)              # 格式不同时打开原文件
            im = im.convert('RGB')                       # 转换格式
            im = im.save(path1 + outfile)                # 保存转换后的图像文件
        except IOError:
            print('cannot convert', infile)
```

PIL 的 open() 函数用于创建 PIL 图像对象,save() 方法用于保存图像到具有指定文件名的文件。原文件是.png 格式,转换为.jpg 格式,并以同名保存。

10.4.2 缩略图的创建

缩略图是网络开发或图像软件预览常用的一种基本技术,使用 PIL 可以很方便地创建缩略图。

thumbnail()方法接受一个元组参数,分别对应着缩略图的宽和高;并参数制定了滤镜 Image.ANTIALIAS。滤镜有 NEAREST、BILINER、BICUBIC、ANTIALIAS 4 种,其中使用 ANTIALIAS 修改尺寸后的图像品质最高(损失最小)。

将图像转换成符合元组参数指定大小的缩略图。例如,创建最长边为 100 像素的缩略图,可以使用下列命令:

```
im.thumbnail((100,100))
```

【例 10-3】 生成缩略图并保存成文件 temp1.jpg。

```
from PIL import Image                          #导入库
im = Image.open('D:\\python\\temp.png')        #读取文件内容
im = im.convert('RGB')                         #转换为"RGB"模式
im.show()                                      #显示转换后的图像
print(im.format,im.size,im.mode)               #输出图像信息
im.thumbnail((100,100))                        #创建最长边为100像素的缩略图
im.save('D:\\python\\temp1.jpg')               #新图像命名为 temp1 并保存
```

在缩略时,会保持原图的宽高比例。如果输入的参数宽高和原图像宽高比不同,则会依据最长对应边进行原比例缩放。

10.4.3 图像的复制和粘贴

PIL 可以操作图像部分选取。

crop()方法可以从一幅图像中裁剪指定区域。接收一个四元素的元组作为参数,各元素为起始点的横坐标、起始点的纵坐标、宽度、高度,坐标系统的原点(0,0)是区域的左上角。paste()方法可以将裁剪区域粘贴到原图中,参数格式为(需要修改的图片,粘贴的起始点的横坐标,粘贴的起始点的纵坐标)。

【例 10-4】 裁剪一块选区,并粘贴到原图中。

```
from PIL import Image                                      #导入库
im = Image.open('D:\\python\\shutu.jpg')                   #读取文件内容
box = (100,100,300,300)                                    #设定裁剪的区域
region = im.crop(box)                                      #裁剪指定区域
region = region.transpose(Image.ROTATE_180)                #逆时针旋转180度
im.paste(region,box)                                       #将裁剪区域粘贴到原图中
im.show()
```

结果如图 10-13 所示。

图 10-13 裁剪处理后的结果图

10.4.4 几何变换

对图像进行几何变换的方法包括 resize() 和 rotate()。

resize() 方法的参数是一个元组,用来指定新图像的大小,代码如下:

```
out = pil_im.rotate(45)
```

rotate() 方法可以使用逆时针方式表示旋转角度,代码如下:

```
out = pil_im.resize((128,128))
```

在 PIL 中,对于以下常见的旋转做了专门的定义:

```
out = im.transpose(Image.FLIP_LEFT_RIGHT)    #左右对换
out = im.transpose(Image.FLIP_TOP_BOTTOM)    #上下对换
out = im.transpose(Image.ROTATE_90)          #旋转 90 度
out = im.transpose(Image.ROTATE_180)         #旋转 180 度
out = im.transpose(Image.ROTATE_270)         #旋转 270 度
```

【例 10-5】 图像的几何变换。

```
from PIL import Image                              #导入库
im = Image.open('D:\\python\\shutu.jpg')           #读取文件内容
im.transpose(Image.FLIP_LEFT_RIGHT).show()         #左右对换
im.transpose(Image.FLIP_TOP_BOTTOM).show()         #上下对换
im.transpose(Image.ROTATE_270).show()              #旋转 270 度
```

结果如图 10-14 所示。

(a) 原图　　　　　(b) 左右对换　　　　(c) 上下对换　　　　(d) 旋转270度

图 10-14　几何变换图

10.5　PIL 对图像的综合实例

本节将举例综合演示 PIL 对图像的处理操作。

1. 合并图片

【例 10-6】　合并两幅图像，展示并保存。其中新图像的每一个像素点是由两幅图像的各百分之五十构成的。

```
from PIL import Image                                    #导入库
im1 = Image.open('D:\\python\\shutu6.jpg')               #读取文件 1 内容
im2 = Image.open('D:\\python\\xy.jpg')                   #读取文件 2 内容
def merge(im1,im2):                                      #定义新图像函数
    width = min(im1.size[0],im2.size[0])                 #获取新图像宽度
    height = min(im1.size[1],im2.size[1])                #获取新图像高度
    im_new = Image.new('RGB',(width,height))             #新图像为 RGB 模式
#循环体计算新图像的每一个像素点是由两幅图像的各百分之五十构成
    for x in range(width):
        for y in range(height):
            r1,g1,b1 = im1.getpixel((x,y))               #取该坐标点的像素值
            r2,g2,b2 = im2.getpixel((x,y))               #取该坐标点的像素值
            r = r1 + r2
            g = g1 + g2
            b = b1 + b2
            im_new.putpixel((x,y),(r,g,b))               #将计算后的 RGB 值赋给新图像
    return im_new
merge(im1,im2).show()
merge(im1,im2).save('D:\\python\\HECHENG.jpg')           #以 HECHENG 命名并保存
```

结果如图 10-15 所示。

2. 生成随机验证码

在日常生活中，我们经常会遇到随机验证码，一般是为了防止特定注册用户用特定程序暴力破解方式进行不断的登录尝试。

(a) 图1　　　　　　　　　　(b) 图2

(c) 合成后的图片

图 10-15　图像合成的结果图

【例 10-7】 如何生成随机验证码。

```
from PIL import Image,ImageFont,ImageFilter,ImageDraw
import random
#产生随机字母与数字,chr()将 Ascii 码转换成对应的字符
def rndchn():
    return chr(random.randint(65,90))
#产生随机颜色
def rndColor():
    return (random.randint(64,255),random.randint(64,255),random.randint(64,255))
#产生随机颜色:
def rndColor2():
    return (random.randint(32,127),random.randint(32,127),random.randint(32,127))
#验证码这个框的大小
width = 240
height = 60
#Image.new(mode,size,color)表示新建一个图形,第一个参数表示图形的模式,第二个表示像素大小,第三个表示颜色
im = Image.new("RGB",(width,height),(255,255,255))
#创建 Dont 字体对象 ImageFont.truetype(file,size) 表示的是字体和字体的大小
font = ImageFont.truetype("c:\\Windows\\Fonts\\Verdana.ttf",36)
#在产生的 im 图形上添加文字
draw = ImageDraw.Draw(im)
#遍历白色的图片上的所有坐标点,然后画点,颜色随机
for x in range(width):
```

```
    for y in range(height):
#draw.point((x,y),fill=..):在给定坐标下绘制点(单个像素),fill用于填充像素点
        draw.point((x,y),fill = rndColor())
#在给定位置绘制字符串,draw.text((x,y),text,font,fill = ) 第一个参数表示坐标,第二个参数
表示要绘制的字符串,第三个参数表示字体及字体的大小,fill = ..表示字体的颜色
for t in range(4):
    draw.text((60 * t + 10,10),rndchn(),font = font,fill = rndColor2())

im2 = im.filter(ImageFilter.BLUR)
im2.save("yan.jpg")
```

结果如图 10-16 所示。

图 10-16　随机产生的验证码图

本 章 小 结

本章主要介绍了有关 Python 图像操作与处理的基础知识,图像处理类库 Pillow 的安装、PIL 的基本概念、PIL 的常用模块和 PIL 对图像的基本操作。通过对本章的学习,读者能够对图像处理类库 PIL 有一定的了解和掌握,为后续的学习打下良好的基础。

第 11 章　科学计算与数据可视化

导学

本章主要讲解有关 Python 科学计算与数据可视化应用的基础知识，通过大量例题介绍科学计算所需的 NumPy 库和数据可视化所需的 Matplotlib 库的使用方法。

了解：NumPy 数组的概念；NumPy 数组的形状操作；NumPy 文件存取数组操作。

掌握：如何创建 NumPy 数组；NumPy 数组的算术运算；图像数组的表示方法；利用图像数组进行灰度变换；直方图均衡化；使用 matplotlib.pyplot 模块绘图；使用 Matplotlib.pylot 模块绘制直方图、条形图、散点图、饼状图等。

随着 NumPy、Matplotlib 等众多程序库的开发，Python 越来越适用于科学计算与数据可视化。与科学计算领域比较流行的 MATLAB 相比，Python 是一门专业的通用程序设计语言，比 MATLAB 所采用的脚本语言应用范围更广泛，有更多程序库的支持。

11.1　科学计算

NumPy 是 Python 的科学计算库。NumPy 支持大量的维度数组与矩阵运算，可用来存储和处理大型矩阵，比 Python 自身的嵌套列表结构要高效得多。

NumPy 库在 Windows 平台的安装方法如下：

在命令行使用 pip 命令安装：

```
pip install numPy
```

11.1.1　NumPy 数组

1. NumPy 数组的概念

NumPy 的主要对象是同种元素构成的多维数组。NumPy 数组的维数称为秩(rank)，一维数组的秩为 1，二维数组的秩为 2，以此类推。

例如，3D 空间中一个点的坐标[1, 2, 3]数组的秩为 1(只有一个维度)；[[1., 0., 0.], [0., 1., 2.]]数组的秩为 2(有两个维度)。

注意：NumPy 数组的下标从 0 开始。同一个 NumPy 数组中所有元素的类型必须相同。

NumPy 的数组对象称为 ndarray，ndarray 对象常用属性如表 11-1 所示。

表 11-1　Ndarray 对象常用属性

属　　性	说　　明
ndarray.ndim	数组的维数(秩)
ndarray.size	数组元素的总个数
ndarray.dtype	数组元素的类型

2. NumPy 数组的创建

创建 NumPy 数组的方法有很多。

(1) 可以使用 array()函数从常规的 Python 列表和元组创建数组。所创建的数组类型由原序列中的元素类型推导而来。使用 array()函数创建数组时,参数必须是由方括号括起来的列表。代码如下:

```
import numpy as np                              #导入模块 NumPy 库,并以 np 作为别名
a = np.array([1,10,100])                        #使用 array()函数创建数组
print(a)                                        #输出数组 a
print(a.ndim)                                   #输出数组的维数
print(a.dtype)                                  #输出数组元素的类型
b = np.array([1.1,3.1415926,100,0.05])
print(b)
print(b.size)                                   #输出数组元素的总个数
```

结果如下所示:

```
[  1  10 100]
1
int32
[1.1000000e+00 3.1415926e+00 1.0000000e+02 5.0000000e-02]
4
```

(2) 可以在创建数组的时候制定数组中元素的类型。代码如下:

```
import numpy as np
c = np.array( [ [1,2], [3,4] ], dtype = complex)    #complex 为复数类型
print(c)
print(c.ndim)                                   #输出数组的维数 2
print(c.dtype)                                  #输出数组元素的类型
```

结果如下所示:

```
[[1.+0.j 2.+0.j]
 [3.+0.j 4.+0.j]]
2
complex1284
```

(3) 通常,数组的元素开始都是未知的,但是它的大小已知。因此,NumPy 提供了一些使用占位符创建数组的函数。

zeros()函数创建一个全是 0 的数组,ones()函数创建一个全是 1 的数组,empty()函数

创建一个内容随机的数组。代码如下：

```
import numpy as np              #导入模块 NumPy 库,并以 np 作为别名
d = np.zeros((2,2)))            #创建一个全是 0 的数组
print(d)
print(d.dtype)                  #输出数组元素的类型
e = np.ones((2,2))              #创建一个全是 1 的数组
print(e)
print(e.itemsize)               #输出数组元素二进制的大小
```

结果如下所示：

```
[[0. 0.]
 [0. 0.]]
float64
[[1. 1.]
 [1. 1.]]
```

(4) NumPy 提供了两个类似于 range() 的函数来直接创建序列数组，返回一个数列形式的数组。

① arange() 函数：类似于 Python 的 range() 函数，通过指定开始值、终值和步长来创建一维数组。注意数组不包括终值。

② linspace() 函数：通过指定开始值、终值和元素个数（默认 50 个）来创建一维数组。通过 endpoint 指定是否包括终值，默认包括终值。代码如下：

```
import numpy as np              #导入模块 NumPy 库,并以 np 作为别名
f1 = np.arange(10,30,5)         #初始值为 10,终值为 30(不包括 30),步长为 5
print(f1)
f2 = np.arange(10)              #仅使用一个参数,代表的是终值,开始值是 0,步长是 1
print(f2)
f3 = np.linspace(10,30,5 )      #初始值为 10,终值为 30(包括 30),元素个数为 5
print(f3)
```

结果如下所示：

```
[10 15 20 25]
[0 1 2 3 4 5 6 7 8 9]
[10. 15. 20. 25. 30.]
```

11.1.2 NumPy 数组的算术运算操作

NumPy 数组的算数运算是按元素逐个进行运算的，结果会输出新的数组。代码如下：

```
import numpy as np
a = np.array([20,30,40,50])     #使用 array() 函数创建一维数组
b = np.arange(4)                #相当于 arange(0,4)
print(b)
c = a - b                       #对数组 a 和数组 b 内的所有元素进行减法运算
```

```
print(c)
b = b * * 2                    #b = 数组 b 内元素的二次方
print(b)
d = 10 * np.sin(a)             #d = 10 * sina
print(d)
print(a < 30)                  #输出逻辑值
```

结果如下所示:

```
[0 1 2 3]
[20 29 38 47]
[0 1 4 9]
[ 9.12945251 -9.88031624  7.4511316  -2.62374854]
[ True False False False]
```

许多非数组之间进行相互运算,如计算数组所有元素之和,都作为 Numpy 数组(ndarray 类)的方法来实现,需要使用 ndarray 类的实例来调用这些方法。代码如下:

```
import numpy as np
x = np.random.random((2,3))    #使用随机数函数 random()创建数组 x
print(x)
print(x.sum())                 #输出数组 x 内所有元素之和
print(x.max())                 #输出数组 x 内所有元素的最大值
print(x.min())                 #输出数组 x 内所有元素的最小值
```

结果如下所示:

```
[[0.76744923 0.84233824 0.83040435]
 [0.77466154 0.43724419 0.42450924]]
4.076606780114894
0.8423382417044871
0.4245092429469819
```

11.1.3 NumPy 数组的形状操作

1. 数组的形状

数组的形状(shape)取决于每个轴上的元素个数,给定了每个轴上元素的数量,一个数组的形状就固定了。代码如下:

```
import numpy as np                              #导入模块 NumPy 库,并以 np 作为别名
x = np.floor(10 * np.random.random((3,4)))      #floor 向下取整
print(x)
print(x.shape)                                  #输出数组 x 的形状
```

结果如下所示:

```
[[0. 0. 3. 2.]
 [7. 2. 1. 4.]
 [6. 9. 1. 2.]]
(3, 4)
```

2. 改变数组的形状

通过一些命令,可以改变数组的形状,比如 Numpy 中的 ravel()函数可以将多维数组转换为一维数组(原数组自身不变),transpose()函数对数组转置(原数组自身不变),reshape()函数改变原数组的形状并返回该数组(原数组自身不变),而 shape()和 resize()则会直接修改数组本身。代码如下:

```
import numpy as np
x = np.floor(10 * np.random.random((3,4)))    # floor 向下取整
print(x.ravel())                              # ravel()将多维数组转换为一维数组
x.shape = (6,2)                               # shape 直接修改数组本身,形状改成 6 * 2
print(x)
print(x.transpose())                          # 对数组转置(原数组自身不变)
print(x)                                      # 输出的是 6 * 2 数组
```

结果如下所示:

```
[3. 8. 5. 0. 5. 0. 9. 6. 4. 1. 2. 3.]
[[3. 8.]
 [5. 0.]
 [5. 0.]
 [9. 6.]
 [4. 1.]
 [2. 3.]]
[[3. 5. 5. 9. 4. 2.]
 [8. 0. 0. 6. 1. 3.]]
[[3. 8.]
 [5. 0.]
 [5. 0.]
 [9. 6.]
 [4. 1.]
 [2. 3.]]
```

11.1.4 NumPy 的图像数组操作

1. 图像数组的表示方法

当载入图像时,可以调用 array()函数将图像转换成 NumPy 的数组对象。NumPy 中的数组对象是多维的,可以用来表示向量、矩阵和图像。代码如下:

```
from PIL import Image                         # 导入图像库
from numpy import *                           # 导入 NumPy 库
# 使用 open()函数打开彩色图像 pic1.jpg,并用 array()函数转换为数组对象
im = array(Image.open('pic1.jpg'))
print(im.shape, im.dtype)                     # 输出数组 im 的形状和数据类型
# 将彩色图像 pic1.jpg 灰度化处理,并用 array()函数转换为数组对象
im = array(Image.open('pic1.jpg').convert('L'),'f')
print(im.shape, im.dtype)                     # 输出数组 im 的形状和数据类型
```

结果如下所示:

```
(600, 500, 3) uint8
(600, 500) float32
```

在输出的结果中,每行的第一个元组表示图像数组的大小(行、列、颜色通道),由于灰度图像没有颜色信息,所以在形状元组中,它只有两个数值(行、列)。紧接着的字符串表示数组元素的数据类型。因为图像通常被编码成无符号 8 位整数(uint8),所以在第一种情况下,载入图像并将其转换到数组中,数组的数据类型为"uint8"。在第二种情况下,对图像进行灰度化处理,并且在创建数组时使用额外的参数"f",该参数将数据类型转换为浮点型。

数组中的元素可以使用下标访问。位于坐标(i,j),以及颜色通道 k 的像素值访问方法如下:

```
value = im[i,j,k]
```

可以使用数组切片方式访问多个数组元素,切片方式返回的是以指定间隔下标访问该数组的元素值。

常用访问灰度图像数组元素的一些例子如下:

```
im[i,:] = im[j,:]           #将第 j 行的数值赋值给第 i 行
im[:,i] = 100               #将第 i 列的所有数值设为 100
im[:100,:50].sum()          #计算前 100 行、前 50 列所有数值之和
im[50:100,50:100]           #50-100 行,50-100 列(不包括第 100 行和第 100 列)
im[i].mean()                #第 i 行所有数值的平均值
im[:,-1]                    #最后一列
im[-2,:] (or im[-2])        #倒数第二行
```

注意,如果仅使用一个下标,则该下标为行的下标。在最后几个例子中,负数切片表示从最后一个元素逆向计数。在图像操作中将会频繁地使用切片方式访问图像数组的像素值,这是一个很重要的思想。

2. 利用图像数组进行灰度变换

将图像读入 NumPy 数组对象后,可以对它们执行任意数学操作。一个简单的例子就是图像的灰度变换,通过灰度变换可以得到与原始图像不同的图像。

通过图像的 NumPy 数组对象生成图像的操作可以使用 PIL 的 fromarray() 函数完成,方法如下:

```
pic = Image.fromarray(im)
```

说明:pic 为生成图像的名字,im 为 NumPy 数组对象;如果通过一些操作将"uint8"数据类型转换为其他数据类型,那么在创建 PIL 图像之前,需要将数据类型转换回来,方法如下:

```
pic = Image.fromarray(uint8(im))
```

注意:NumPy 总是将数组数据类型转换成能够表示数据的"最低"数据类型;对浮点数做乘积或除法操作会使整数类型的数组变成浮点类型。

【例 11-1】 利用图像数组的灰度变换,对图像进行反相处理,代码如下:

```
from PIL import Image                    #导入图像库
from numpy import *
img1 = Image.open('hdtx.jpg')            #打开灰度图像 hdtx.jpg
im = array(img1)                         #使用 array()函数转换为数组对象
im2 = 255 - im                           #对图像进行反相处理
img1.show()                              #显示原始图像
img2 = Image.fromarray(im2)              #生成图像进行反相处理后的图像 img2
img2.show()
```

结果如图 11-1、图 11-2 所示。

图 11-1　原始图像

图 11-2　反相处理后图像

3. 直方图均衡化

图像灰度变换中一个非常有用的例子就是直方图均衡化。直方图均衡化是指将一幅图像的灰度直方图变平,使变换后的图像中每个灰度值的分布概率都相同。在对图像做进一步处理之前,直方图均衡化通常是对图像灰度值进行归一化的一个非常好的方法,并且可以增强图像的对比度。

在这种情况下,直方图均衡化的变换函数是图像中像素值的累积分布函数 cdf( )(Cumulative Distribution Function,将像素值的范围映射到目标范围的归一化操作)。

定义 histeq( )函数实现直方图均衡化,代码如下:

```
def histeq(im,nbr_bins = 256):
    #计算图像的直方图
    imhist,bins = histogram(im.flatten(),nbr_bins,normed = True)
    cdf = imhist.cumsum()    #cumulative distribution function
    cdf = 255 * cdf / cdf[-1]              #归一化
    #使用累积分布函数的线性插值,计算新的像素值
    im2 = interp(im.flatten(),bins[:-1],cdf)
    return im2.reshape(im.shape), cdf
```

该函数有两个输入参数:一个是灰度图像 im,一个是直方图中使用小区间的数目 nbr_bins,默认为 256。函数返回直方图均衡化后的图像的 NumPy 数组和用来做像素值映射的累积分布函数 cdf()。注意,函数中使用到累积分布函数的最后一个元素(下标为-1),目的是将其归一化到 0~1。

【例 11-2】 利用图像数组的灰度变换,将灰度图像直方图均衡化处理,代码如下:

```
from PIL import Image
from numpy import *
img1 = Image.open('picjhh.jpg')        # 打开灰度图像 picjhh.jpg
im = array(img1)
im2,cdf = histeq(im)                    # 调用均衡化函数 histeq()
img1.show()                             # 显示原始图像 picjhh.jpg
img2 = Image.fromarray(uint8(im2))      # 生成图像均衡化处理后的图像 img2
img2.show()
```

结果如图 11-3、图 11-4 所示。

图 11-3 原始图像

图 11-4 直方图均衡化处理后的图像

通过 2 幅图像的对比,可以看到直方图均衡化后的图像对比度明显增强了,原先图像灰色区域的细节变得清晰。

11.2 数据可视化

Matplotlib 是 Python 的可视化应用库。它支持各种平台,并且功能强大,可以非常方便地创建海量类型的 2D 图表和一些基本的 3D 图表,十分适合交互式地进行绘图和可视化。

Matplotlib 库在 Windows 平台的安装方法如下。

在命令行使用 pip 命令安装:

```
pip install Matplotlib
```

11.2.1 使用 pyplot 模块的绘图方法

Matplotlib 的 pyplot 模块提供了和 MATLAB 相似的绘图 API,方便用户快速绘图。

matplotlib.pyplot 是一些命令式函数,每一个 pyplot()函数都会改变图形,例如,创建图形、在图形里创建绘图区、在绘图区画线、用标签装饰图形等。

使用 matplotlib.pyplot 模块绘图,一般遵循以下 5 个步骤:

(1) 创建一个图纸(figure)。
(2) 在图纸上创建一个或多个绘图(plotting)区域。
(3) 在 plotting 区域上描绘点、线等各种 marker。
(4) 为 plotting 添加修饰标签(绘图线上的或坐标轴上的)。
(5) 其他各种制作。

在上面绘图的过程中,主要是如下元素:变量、函数、图纸(figure)和子图(axes,也可以理解成坐标轴),其中,变量和函数通过改变 figure 和 axes 中的元素(例如,title、label、点和线等)用来描述 figure 和 axes,也就是在画布上绘图。绘图结构如图 11-5 所示。

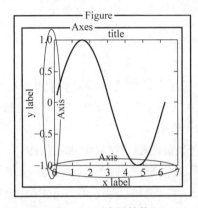

图 11-5　绘图结构

【例 11-3】　使用 matplotlib.pyplot 模块绘制正弦三角函数和余弦函数图形,代码如下:

```
from numpy import *
import matplotlib.pyplot as plt         # 载入绘图模块 pyplot,并且重命名为 plt
plt.figure(figsize = (8,4))              # 创建一个图纸,大小为 800x400 像素
x = arange(0,4 * math.pi,0.01)           # 初始值为 0,终值为 4 * pi,步长为 0.01
y = sin(x)
z = cos(x)
# 调用 plot()函数绘图:绘制正弦曲线,线条颜色为红色
plt.plot(x,y,label = " $ sin(x) $ ",color = "red",linewidth = 3)
# 调用 plot()函数绘图:绘制余弦曲线
plt.plot(x,z,"b--",label = " $ cos(x) $ ")
plt.xlabel("x axial")                    # 设置 x 轴标题
plt.ylabel("sin(x) and cox(x)")          # 设置 y 轴标题
plt.title("PyPlot Mapping")              # 设置图表标题
plt.ylim(-1,1)                           # 设置 y 轴范围
plt.grid(True)                           # 显示网格
plt.legend()                             # 显示图例(legend)
plt.savefig("sincon.png")                # 保存图像
plt.show()                               # 显示图像
```

结果如图 11-6 所示。

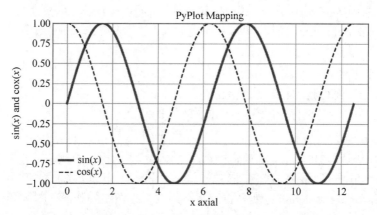

图 11-6　绘制正弦三角函数和余弦函数

1. 调用 figure 创建一个绘图对象

格式：plt.figure(figsize=(8,4))。

说明：figsize 参数指定绘图对象的宽度和高度，单位为英寸；dpi 参数指定绘图对象的分辨率，即每英寸多少个像素，默认为 100。因此本例中所创建的图表对象的宽度为 8×100＝800 像素，宽度为 4×100＝400 像素。

2. 通过调用 plot()函数在当前的绘图对象中进行绘图

创建 figure 绘图对象之后，接下来调用 plot()函数在当前的 figure 对象中绘图。实际上 plot()是在 axes(子图)对象上绘图，如果当前的 figure 对象中没有 axes 对象，将会创建一个充满整个图表区域的 axes 对象。

格式：plt.plot(x,z,"b--",label="＄cos(x)＄")

说明：

(1) 将 x,z 数组传递给 plot 进行绘图。

(2) 通过第三个参数"b--"指定曲线的颜色和线型，这个参数称为格式化参数，它通过一些特定的符号快速指定曲线的样式，其中 b 表示蓝色，"--"表示线型为虚线。常用的格式化参数如下：

① 颜色(color 简写为 c)：

蓝色：'b' (blue)。

绿色：'g' (green)。

红色：'r' (red)。

红紫色(洋红)：'m' (magenta)。

黄色：'y' (yellow)。

黑色：'k' (black)。

白色：'w' (white)。

② 线型 Line styles(简写为 ls)：

实线：'-'。

虚线：'--'。

虚点线：'-.'。

点线：':'。

点：'.'。

星形：'*'。

(3) 可以用关键参数制定各种属性。

label：设置曲线的标签，在图例中显示。只要在字符串前后添加"$"符号，Matplotlib 就会使用其内嵌的 latex 引擎绘制数学公式。

color：制定曲线的颜色。

linewidth：制定曲线的宽度，默认为 1。

格式：plt.plot(x,y,label="$sin(x)$",color="red",linewidth=3)。

设置曲线标签为 sin(x)，颜色为红色，线条宽度为 3。

3. 设置绘图对象的各个属性

(1) xlabel、ylabel：分别设置 x、y 轴的标题文字。

(2) title：设置图表标题。

(3) xlim、ylim：分别设置 x、y 轴的显示范围。

(4) legend：显示图例，即图中表示每条曲线的标签和样式的矩形区域。

(5) grid(True)：显示网格。

4. 清空 plt 绘制的内容

(1) plt.cla()：关闭 plt 绘制的图形。

(2) plt.close(0)：关闭 0 号图表。

(3) plt.close('all')：关闭所有图表。

5. 图形保存和输出设置

可以调用 plt.savefig()将当前的 figure 对象保存成图像文件，图像格式由图像文件的扩展名决定。下面的命令将当前的图表保存为"pic.png"，并且通过 dpi 参数指定图像的分辨率为 120，因此输出图像的宽度为 $8 \times 120 = 960$ 个像素。

```
plt.savefig("pic.png",dpi=120)
```

Matplotlib 中绘制完成图形之后通过 show()展示出来，用户可以通过图形界面中的工具栏对其进行设置和保存。

6. 绘制多子图

在 Matplotlib 下，一个 figure 对象可以包含多个子图(axes)，可以使用 subplot()快速绘制包含多个子图的图表，其调用形式如下：

```
subplot(numRows, numCols, plotNum)
```

subplot 将整个绘图区域等分为 numRows 行，numCols 列个子区域，然后按照从左到右，从上到下的顺序对每个子区域进行编号，左上的子区域的编号为 1，以此类推。

如果 numRows、numCols 和 plotNum 这 3 个数都小于 10 的话，可以把它们缩写为一个整数，如 subplot(323)和 subplot(3,2,3)是相同的，表示图表被分割成 3×2(3 行 2 列)的网格子区域，然后在第 3 个子区域(第 2 行，第 1 列)绘制。

subplot 在 plotNum 指定的区域中创建一个轴对象。如果新创建的轴和之前创建的轴重叠的话,则之前的轴将被删除。

【例 11-4】 使用 matplotlib.pyplot 模块绘制多个子图,代码如下:

```python
import matplotlib.pyplot as plt      # 载入绘图模块 pyplot,并且重命名为 plt
import numpy as np
t1 = np.arange(0, 5, 0.2)            # 使用 arange 函数生成数组,步长 0.2
t2 = np.arange(0, 5, 0.02)           # 使用 arange 函数生成数组,步长 0.02
plt.figure(figsize = (8,4))          # 创建一个绘图对象,大小为 800x400 像素
plt.subplot(221)                     # 选择左上角区域为子图绘图区域
# 调用 plot()函数绘图:使用 t1 和 t2 绘制两条正弦曲线
plt.plot(t1, np.sin(t1), 'bo', t2, np.sin(t2), 'r--')
plt.subplot(222)                     # 选择右上角区域为子图绘图区域
# 调用 plot()函数绘图:使用 t2 绘制一条余弦曲线
plt.plot(t2, np.cos(2 * np.pi * t2), 'r--')
# 选择下面区域为子图绘图区域,并将子图背景设置为黄色
plt.subplot(212, facecolor = "y")
# 调用 plot()函数绘图:y = x 的平方
plt.plot([1, 2, 3, 4], [1, 4, 9, 16])
plt.savefig("dzt.png")               # 保存图片
plt.show()                           # 展示图片
```

结果如图 11-7 所示。

图 11-7　绘制多个子图

7. 绘制多幅图像

如果需要同时绘制多幅图像,可以给 figure()传递一个整数参数指定 figure 对象的序号,如果序号所指定的 figure 对象已经存在,则不创建新的对象,而只是让它成为当前的 figure 对象。

【例 11-5】 使用 matplotlib.pyplot 模块绘制多个子图,代码如下:

```python
import numpy as np
import matplotlib.pyplot as plt
plt.figure(1)                        # 创建图表 1
plt.figure(2)                        # 创建图表 2
```

```
ax1 = plt.subplot(211)              #在图表2中创建子图1
ax2 = plt.subplot(212)              #在图表2中创建子图2
x = np.linspace(0, 3, 100)          #创建序列数组:初始值为0,终值为3,元素个数为100
for i in x:
    plt.figure(1)                   #选择图表1
    plt.plot(x, np.exp(i * x / 3))  #调用plot()函数绘图
    plt.sca(ax1)                    #选择图表2的子图1
    plt.plot(x, np.sin(i * x))      #调用plot()函数绘图
    plt.sca(ax2)                    #选择图表2的子图2
    plt.plot(x, np.cos(i * x))      #调用plot()函数绘图
plt.show()                          #展示图片
```

结果如图11-8所示。

图11-8 绘制多幅图表

8. 在图表中显示中文

matplotlib的缺省配置文件中所使用的字体无法显示中文,为了让图表能显示中文,需在.py文件头加上如下内容:

```
plt.rcParams['font.sans-serif'] = ['KaiTi']
plt.rcParams['axes.unicode_minus'] = False
```

其中,SimHei表示楷体。常用的中文字体表示如下:

SimSun表示宋体;SimHei表示黑体;SimTi表示楷体;Microsoft YaHei表示微软雅黑;LiSu表示隶书;FangSong表示仿宋;YouYuan表示幼圆;SSTSong表示华文宋体;STHeiti表示华文黑体。

【例11-6】 使用matplotlib.pyplot模块绘制正弦曲线,并在图表中显示中文,代码如下:

```
from numpy import *
import matplotlib.pyplot as plt       #载入绘图模块pyplot,并且重命名为plt
#下面两条命令设置可以显示中文,并将字体设为楷体
plt.rcParams['font.sans-serif'] = ['KaiTi']
plt.rcParams['axes.unicode_minus'] = False
```

```
plt.figure(figsize = (8,4))            # 创建一个绘图对象,大小为 800x400 像素
x = arange(0,4 * math.pi,0.2)          # 初始值为 0,终值为 4 * pi,步长为 0.2
# 调用 plot 函数绘图:绘制正弦曲线,线条颜色为红色
plt.plot(x,sin(x),label = " $ sin(x) $ ",color = "red",linewidth = 5)
plt.xlabel("x轴")                      # 设置 X 轴标题
plt.ylabel("y轴")                      # 设置 Y 轴标题
plt.title("y = sin(x)正弦曲线")         # 设置图表标题
plt.ylim( -1,1)                        # 设置 Y 轴范围
plt.grid(True)                         # 显示网格
plt.legend()                           # 显示图例(legend)
plt.savefig("sincon.png")              # 保存图像
plt.show()                             # 展示图像
```

结果如图 11-9 所示。

图 11-9 在图表中显示中文

11.2.2 使用 pyplot 模块绘制直方图、条形图、散点图、饼状图等

Matplotlib 的 pyplot 模块,可以方便用户快速进行计算和绘图,pyplot 模块提供了 14 个用于绘制"基础图表"的常用函数,如表 11-2 所示。

表 11-2 pyplot 模块中绘制基础图表的函数

属性	说明
plt.plot(x,y,fmt,…)	绘制坐标图
plt.boxplot(data,notch,position)	绘制箱形图
plt.bar(left,height,width,bottom)	绘制条形图
plt.barh(width,bottom,left,height)	绘制横向条形图
plt.polar(theta,r)	绘制极坐标图
plt.pie(data,explode)	绘制饼图
plt.psd(x,NFFT=256,pad_to,Fs)	绘制功率谱密度图
plt.scatter(x,y)	绘制散点图
plt.step(x,y,where)	绘制步阶图
plt.hist(x,bins,normed)	绘制直方图
plt.vlines()	绘制垂直图
plt.plot_date()	绘制日期图

下面通过一些实例介绍如何使用 pyplot 模块中的常用函数进行绘图。

1. 直方图

直方图又称质量分布图,是一种统计报告图,由一系列高度不等的纵向条纹或线段表示数据分布的情况。一般用横轴表示数据类型,纵轴表示分布情况。直方图的绘制通过 pyplot 中的 hist() 绘制,调用方式如下:

```
pyplot.hist(x, bins = 10, normed = False, color = None, range = None, rwidth = None,
orientation = u'vertical', ** kwargs)
```

主要参数说明如下:
(1) x:数组参数,指定每个 bin(箱子)分布在 x 轴的位置。
(2) bins:指定 bin(箱子)的个数,也就是总共有几条条状图。
(3) normed:指定是否对 y 轴数据进行标准化。默认为 False,显示点的数量;如果为 True,则显示本区间的点在所有的点中所占的概率。
(4) color:指定条状图(箱子)的颜色。

【例 11-7】 产生两万个正态分布随机数,用概率分布直方图显示,代码如下:

```
import numpy as np
import matplotlib.pyplot as plt        #载入绘图模块 pyplot,并且重命名为 plt
zx = 100                                #设置均值,中心所在点
sg = 20                                 #用于将每个点都扩大响应的倍数
#下面两条命令设置可以显示中文,并将字体设为楷体
plt.rcParams['font.sans-serif'] = ['KaiTi']
#x 中的点以 zx 为中心,分布在 zx 旁边
x = zx + sg * np.random.randn(20000)
#绘制直方图:bins 设置分组的个数为 100,显示 100 个直方
plt.hist(x, bins = 100, color = 'red', normed = True)
plt.xlabel("x轴")                       #设置 x 轴标题
plt.ylabel("y轴")                       #设置 y 轴标题
plt.title("直方图")                      #设置图表标题
plt.show()                              #显示图表
```

结果如图 11-10 所示。

2. 条形图

条形图是用一个单位长度表示一定数量的图形,根据数量的多少画成长短不同的直条,然后把这些直条按一定的顺序排列起来。从条形统计图中很容易看出各种数量的多少。条形图的绘制通过 pyplot 中的 bar() 或者 barh() 实现。bar() 默认绘制竖直方向的条形图,可以通过设置 orientation = "horizontal" 参数来绘制水平方向的条形图;barh() 绘制水平方向的条形图。

【例 11-8】 使用 matplotlib.pyplot 模块,绘制竖直条形图,代码如下:

```
import numpy as np
import matplotlib.pyplot as plt        #载入绘图模块 pyplot,并且重命名为 plt
x = np.arange(10)                       #x 轴 0 - 10
y = np.random.randint(10, 30, 10)       #y 随机生成 10 个数值(10 - 30)
```

图 11-10　直方图

```
#设置可以显示中文,并将字体设为楷体
plt.rcParams['font.sans-serif'] = ['KaiTi']
#绘制竖直条形图,线条颜色为红色
plt.bar(left = x, height = y, width = 0.5, color = "red")
plt.xlabel("x轴")                    #设置 x 轴标题
plt.ylabel("y轴")                    #设置 y 轴标题
plt.title("条形图")                   #设置图表标题
plt.show()                           #显示图表
```

结果如图 11-11 所示。

图 11-11　条形图

【例 11-9】　使用 matplotlib.pyplot 模块绘制并列的条形图,代码如下:

```
import numpy as np
import matplotlib.pyplot as plt        #载入绘图模块 pyplot,并且重命名为 plt
```

```
x = np.random.randint(10, 50, 20)        #x轴随机生成20个数值(10-50)
y1 = np.random.randint(10, 50, 20)       #y1轴随机生成20个数值(10-50)
y2 = np.random.randint(10, 50, 20)       #y2轴随机生成20个数值(10-50)
r = 0.5                                   #r用来改变x轴位置
#绘制竖直方向直方图,线条颜色为红色
plt.bar(left = x, height = y1, width = 0.5, color = "red")
#绘制竖直方向直方图:通过设置left来设置并列显示,线条颜色为蓝色
plt.bar(left = x + r, height = y2, width = 0.5, color = "blue")
plt.show()                                #显示图表
```

结果如图11-12所示。

图11-12 并列的条形图

【例11-10】 使用matplotlib.pyplot模块绘制层叠的条形图,代码如下:

```
import numpy as np
import matplotlib.pyplot as plt           #载入绘图模块pyplot,并且重命名为plt
x = np.random.randint(10,50,20)           #x轴随机生成20个数值(10-50)
y1 = np.random.randint(10,50,20)          #y1轴随机生成20个数值(10-50)
y2 = np.random.randint(10,50,20)          #y2轴随机生成20个数值(10-50)
plt.ylim(0,100)                           #设置y轴的显示范围
#设置可以显示中文,并将字体设为楷体
plt.rcParams['font.sans-serif'] = ['KaiTi']
#绘制竖直方向直方图,线条颜色为红色
plt.bar(left = x, height = y1, width = 0.5, color = "red", label = "$y1$")
#设置一个底部,底部就是y1的显示结果,y2在上面继续累加
plt.bar(left = x, height = y2, bottom = y1, width = 0.5, color = "blue", label = "$y2$")
plt.legend()                              #显示图例(legend)
plt.xlabel("x轴")                         #设置x轴标题
plt.ylabel("y轴")                         #设置y轴标题
plt.title("层叠的条形图")                   #设置图表标题
plt.show()                                #显示图表
```

结果如图11-13所示。

图 11-13 层叠的条形图

3. 散点图

散点图用在回归分析中,表示数据点在直角坐标系平面上的分布情况。散点图表示因变量随自变量而变化的大致趋势,据此可以选择合适的函数对数据点进行拟合。一般用两组数据构成多个坐标点,考察坐标点的分布,判断两变量之间是否存在某种关联或总结坐标点的分布模式。散点图将序列显示为一组点,值由点在图表中的位置表示,类别由图表中的不同标记表示。散点图通常用于比较跨类别的聚合数据。

散点图的绘制通过 pyplot 中的 scatter() 绘制,调用方式如下:

```
pyplot.scatter(x,y,c = color,s = scale,alpha = 0.6,edgecolors = 'white')
```

主要参数说明如下:
(1) x、y:表示输入的数据。
(2) c:表示散点的颜色。
(3) s:表示散点的大小。
(4) alpha:表示散点的透明度。
(5) edgecolors:设置散点周围的颜色。

【例 11-11】 使用 matplotlib.pyplot 模块的 scatter() 绘制散点图,代码如下:

```
import numpy as np
import matplotlib.pyplot as plt          # 载入 pyplot 模块,并且重命名为 plt
n = 100
for color in ['red','blue','green']:      # 使用 3 种散点颜色进行绘图
    x,y = np.random.rand(2,n)             # 散点坐标位置随机产生
    scale = 100 * np.random.rand(n)       # 散点大小随机产生
    # 根据 color(散点颜色)的值,调用 scatter()绘制散点图
    plt.scatter(x,y,c = color,s = scale,label = color,alpha = 0.6,edgecolors = 'white')
plt.title('Scatter')                      # 设置图表标题
```

```
plt.xlabel('x')                    # 设置 x 轴标题
plt.ylabel('y')                    # 设置 y 轴标题
plt.legend()                       # 显示图例
plt.grid(True)                     # 显示网格
plt.show()                         # 显示图表
```

结果如图 11-14 所示。

图 11-14　散点图

4. 饼状图

饼状图常用于统计学模型。饼状图用于显示一个数据系列中各项的大小与各项总和的比例,饼状图中的数据点显示为整个饼状图的百分比。

【例 11-12】　使用 matplotlib.pyplot 模块的 pie() 绘制散点图,代码如下:

```
import matplotlib.pyplot as plt
#设置 6 个数据点的值,根据数据在所有数据中所占的比例显示结果
x = [222, 42, 455, 664, 454, 334]
#设置 6 个数据点的标签
lab = ['China', 'Swiss', 'USA', 'UK', 'Laos', 'Spain']
#explode 设置每一块或者很多块突出显示,由下面的 exp 数组决定
exp = [0, 0.03, 0, 0.03, 0, 0.03]
#设置显示一个正圆,长宽比为 1:1
plt.axes(aspect = 1)
#绘制散点图,autopct 设置百分数保留两位小数,shadow 设为 True,显示阴影
plt.pie(X, labels = lab, autopct = '%1.2f%%', explode = exp, shadow = True)
plt.title("Pie Graph")             # 设置图表标题
plt.show()                         # 显示图表
```

结果如图 11-15 所示。

图 11-15 饼状图

本 章 小 结

本章主要介绍了 Python 的科学计算与数据分析所需的 NumPy 库和数据可视化所需的 Matplotlib 库的使用方法。通过对本章的学习,要求读者掌握以下内容:NumPy 数组的算术运算;图像数组的表示方法;利用图像数组进行灰度变换;直方图均衡化;使用 matplotlib.pyplot 模块绘图方法;使用 matplotlib.pylab 模块绘制直方图、条形图、饼状图、散点图等。为后续的深入学习打下良好的理论基础。

第 12 章　机 器 学 习

导学

机器学习是一门多领域交叉的学科,涉及计算机科学、统计学、概率论、数学、工程学、逼近论等多门理论学科,专门研究计算机模拟或实现人类的学习行为,以获取新的知识或技能,重新组织已有的知识结构使之不断改善自身的性能。机器学习是人工智能的核心,是使计算机具有智能的根本途径。Python 是一种面向对象、解释型、动态数据类型的高级程序语言,对于数据分析来说,现在首选的编程工具就是 Python 语言。Python 语言在机器学习领域具有其他高级语言无可比拟的优势,如 Python 完全免费,具有简洁的语法规则,提供丰富的扩展库,提供了 IT 行业最前沿的开发功能。例如机器学习库 scikit-learn(即 sklearn)就是 Python 的开源模块,提供包括分类、回归、聚类等算法,可以帮助使用者简单、高效地进行数据挖掘与分析。通过 Python 机器学习,不但能够帮助学生增强逻辑思维,还可帮助学生对人工智能相关的热点前沿知识有所了解。

了解:机器学习的概念与定义,常见的机器学习算法。

掌握:使用 Python 语言创建机器学习程序的方法与机器学习库 sklearn 的应用。

12.1　机器学习概念与操作流程

12.1.1　概念与定义

在直观的层面,如果说计算机科学是研究关于算法的科学,那么机器学习就是研究关于"学习算法"的科学,或者说,不同于一般的显式编程,机器学习就是研究如何使得计算机在无法被显式编程的情况下进行学习的领域,需要注意的是,显式与否都是对于人类而言的——人类能否明确地搞清楚每个决策步骤,对于计算机而言,构成不同算法的代码与指令没有任何区别。

更准确地说,机器学习的定义是一个程序可以从经验数据中对某任务进行学习的算法,它在该任务上的性能度量会随着对于经验数据的学习而变得更好。"经验"在计算机系统中主要是以数据的形式存在的,我们称之为数据集,其中的每个数据称为记录。机器学习需要设法对数据进行分析,这就使其逐渐成为智能数据的分析技术,并因此受到越来越多的关注。

数据挖掘是将统计和机器学习方法与数据库管理相结合,从海量数据中提取数据模式和模型的一组技术。其核心目的是找到数据变量之间的关系。这些技术包括关联规则学习、聚类分析、分类和回归等。应用案例包括挖掘客户数据以确定最有可能响应报价的细分市场,挖掘人力资源数据以识别最成功员工的特征,或进行市场分析以建模客户的购买行为等。

数据挖掘与机器学习的关系如图 12-1 所示。数据挖掘和机器学习的共同点在于两者都属于数据科学领域,都用于解决复杂的问题,并且两者都采用相同的算法来发现新的数据模式。但是它们也是有区别的。数据挖掘旨在从大量数据中提取规则,而机器学习则是训练计算机如何学习和理解给定参数。数据挖掘依赖人为干预,最终被创建供人们使用,而机器学习可以自学,不依赖人类的影响或行动。传统的机器学习研究并未将海量数据视为目标,设计了许多技术来处理中小型数据。如果将这些技术直接用于海量数据,则结果可能很差,或者算法可能无法正常工作。机器学习涉及设计和开发算法,以使计算机能够像人类一样执行智能任务,例如预测、分类等。在数据挖掘领域,我们使用诸如机器学习之类的方法从数据中提取有价值的信息。因此,机器学习是数据挖掘的工具之一,数据挖掘需要机器学习的支持,但机器学习不能够完全适用于数据挖掘,还需要有其他辅助工具。机器学习与方法有关,而数据挖掘与这些方法的应用有关,以从不同的数据领域中受益。简而言之,机器学习与模型构建有关,而数据挖掘与知识发现有关。

图 12-1　数据挖掘与机器学习的关系

12.1.2　操作流程

机器学习的操作流程分为以下几步:获取数据、数据处理、特征工程、模型训练与调优、模型评估。

1. 获取数据

在数据集中一行数据一般称为一个样本,一列数据一般称为一个特征。有些数据有目标值(标签值),有些数据没有目标值。

数据类型一般有两种,一种是既有特征值,又有目标值(目标值是连续的或离散的,又称为标签)的数据,一种是只有特征值没有目标值的数据。

机器学习一般的数据集会划分为两个部分:一是训练数据,用于训练、构建模型;二是测试数据,在模型检验时使用,用于评估模型是否有效。训练集、测试集划分比例有多种,如 7∶3、8∶2、7.5∶2.5 等。

2. 数据处理

机器学习在实际应用场景中,数据集往往存在各种各样的问题,如果不对数据进行预处理,模型的训练就无法开始。对数据进行预处理阶段往往需要解决以下问题:数据中存在缺失值、连续特征是否要离散化、离散特征的编码、特征量纲不同不具可比性等。

(1) 缺失值处理

现实中的许多数据集包含缺失数据,这样的数据是无法直接用于训练的,因此我们需要对缺失值进行处理。最简单的方法就是把含有缺失值的样本丢弃,这样可以避免人为填充带来的噪声。但是这样做可能会丢失一些很重要的信息,特别是在数据量较少或者数据价值很高的情况下,直接丢弃会损失较多的信息。因此我们可以选择某种合适的策略对缺失值进行适当的填充。比如,使用平均值、中值、分位数、众数等替代。

(2) 连续特征离散化

特征可以被分为连续特征和离散特征,但有些时候我们可以将连续特征离散化,例如,如果我们只关心年龄是否大于 18 岁,那么我们会将该特征二值化。这样不仅可以使得数据变得稀疏降低过拟合的情况,还可以加快学习的速度,并且令模型对异常数据不那么敏感。

(3) 离散特征编码

特征虽然分为连续特征和离散特征,但是计算机都是将所有特征作为连续特征来处理的,因此如果我们想使用离散特征,那么必须对离散特征进行独热编码或哑编码。假设我们把年龄划分为[0,20)、[20,40)、[40,60)、[60,+∞)4 个区间并用 0、1、2、3 表示。

(4) 归一化和标准化

归一化和标准化都可以使特征无量纲化,归一化使得数据放缩在[0,1]区间并且使得特征之间的权值相同,改变了原数据的分布,而标准化则将不同特征维度的伸缩变换使得不同度量之间的特征具有可比性。同时不改变原始数据的分布。常见的归一化方法有 min-max 标准化和 z-score 标准化。min-max 标准化根据特征的最大最小值将数据放缩到[0,1]区间。z-score 标准化利用数据的均值和标准差将数据变为标准正态分布。

3. 特征工程

特征工程也是对数据处理的一种方式,只不过我们会把这些数据处理得更容易被算法进行处理。机器学习的数据集分为特征值和目标值。特征工程包括从原始数据中的特征构建、特征提取、特征选择。特征工程做得好能发挥原始数据的最大效力,往往能够使得算法的效果和性能得到显著的提升,有时能使简单模型的效果比复杂模型效果好。数据挖掘的大部分时间就花在特征工程上,是机器学习非常基础而又必备的步骤。

特征工程包含若干的子问题,比如以下几个:

(1) 特征抽取:将任意数据(如文本或图像)转换为可用于机器学习的数字特征。

(2) 特征处理:通过一些转换函数将特征数据转换成更加适合算法模型的特征数据。

(3) 特征选择:将不需要的、冗余的数据以及噪声剔除。必要的时候,也需要对数据进行降维处理。

特征降维:指在某些限定条件下,降低特征个数,得到一组"不相关"主变量。

4. 模型训练与调优

机器学习通常都使用两组数据,一组是训练数据,另一组是测试数据。每组数据中包含一组多维参数数据集作为特征数据集,一组一维数组作为结果分类数据,一共 4 个数据集合,其名称如下:

x_train,训练数据,多维参数数据集。

y_train,训练数据,一维结果数据集。

x_test,测试数据,多维参数数据集。

y_test,测试数据,一维结果数据集。

通常,train 数据集用于训练,test 数据集用于测试。对 y_train 数据集进行分析以后,会生成一个新的一维预测结果数据集 y_pred。通过对结果数据集 y_pred 与实际测试数据集 y_test 进行对比，就可以检测算法模型的准确度。

机器学习的算法流程如下：

（1）选择模型函数 mx_fun()，它是自定义的机器学习函数接口。

（2）把训练特征数据集 x_train 与结果数据集 y_train，输入模型函数 mx_fun()。

（3）系统内置的机器学习函数会自动分析特征数据与结果数据之间的关系。这样的过程就是机器学习的过程，同时也是算法建模的过程。

（4）通过对训练数据的机器学习和数据分析，系统会生成一个 AI 机器学习模型，需要将其保存到变量 mx。

（5）把测试数据 x_test 输入模型变量 mx，mx 会调用内置的分析函数 predict()，生成最终分析结果 y_pred。

5. 模型评估

模型评估是模型开发过程不可或缺的一部分。它有助于发现表达数据的最佳模型和所选模型将来工作的性能如何。按照数据集的目标值不同，可以把模型评估分为分类模型评估和回归模型评估。

分类模型评估指标有准确率、精确率、召回率、F1-score、AUC 指标等。回归模型评估指标有均方根误差（Root Mean Squared Error，RMSE）、相对平方误差（Relative Squared Error，RSE）、平均绝对误差（Mean Absolute Error，MAE）、相对绝对误差（Relative Absolute Error，RAE）等。

12.1.3 机器学习库 sklearn 的安装

自 2007 年发布以来，scikit-learn 已经成为 Python 重要的机器学习库了，scikit-learn 简称 sklearn，支持包括分类、回归、降维和聚类四大机器学习算法，还包括特征提取、数据处理和模型评估三大模块。

在 Windows 环境下安装 sklearn 机器学习库的前提是在 Windows 中先安装 Python，可以从官网下载最新的 Python 版本。sklearn 机器学习库的安装方法如下：

首先，在 Python 网站下载安装包 NumPy 文件、SciPy 文件和 scikit-learn 文件。注意，要和 Python 版本号以及 Windows 操作系统位数（32 位或 64 位）对应。假如 Python 版本是 3.6，Windows 操作系统是 64 位，下载的就是：

```
numpy-1.19.5+mkl-cp36-cp36m-win_amd64.whl
scipy-1.5.4-cp36-cp36m-win_amd64.whl
scikit_learn-0.24.0-cp36-cp36m-win_amd64.whl
```

然后，进入 Python 环境使用 pip3 命令进行安装，命令如下：

```
pip3 install numpy-1.19.5+mkl-cp36-cp36m-win_amd64.whl
pip3 install scipy-1.5.4-cp36-cp36m-win_amd64.whl
pip3 install slearn-0.24.0-cp36-cp36m-win_amd64.whl
```

安装时，需要注意安装包 whl 文件的版本保持一致。

最后，使用 pip list 命令查看是否安装成功。

12.2 算法与应用

目前 Python 已经是人工智能、机器学习的行业标准语言，sklearn 是 Python 语言最重要的人工智能模块库，又称为 scikit-learn。本章案例中涉及的经典机器学习算法如下：

(1) 线性回归算法，函数名：LinearRegression。
(2) 逻辑回归算法，函数名：LogisticRegression。
(3) KMeans 聚类算法，函数名：KMeans。
(4) kNN 近邻算法，函数名：KNeighborsClassifier。
(5) SVM 算法，函数名：svm。

以上算法中的函数名，均为 sklearn 模块库内置的函数名称。

12.2.1 线性回归

回归分析(Regression Analysis)是一种预测性的建模技术，是确定两种或两种以上变量间相互依赖的定量关系的一种统计分析方法。回归分析按照涉及的变量的多少，可分为一元回归和多元回归分析；按照因变量的多少，可分为简单回归分析和多重回归分析；按照自变量和因变量之间的关系类型，可分为线性回归分析和非线性回归分析。

线性回归(Linear Regression)是为人熟知的建模技术之一，通常是人们在学习预测模型时首选的技术之一。在这种技术中，因变量是连续的，自变量可以是连续的也可以是离散的，回归线的性质是线性的。线性回归使用最佳的拟合直线(也就是回归线)在因变量(Y)和一个或多个自变量(y)之间建立一种关系。其表达形式为 y＝w'X＋e，e 为误差并服从均数为 0 的正态分布。例 12-1 采用的是线性回归算法。

利用 scikit-learn 库中的 linear_model.LinearRegression 函数实现线性回归，该函数使用方法如下：

```
from sklearn.linear_model import LinearRegression
model = LinearRegression ()                    #创建回归模型
model.fit(X,y)                                  #X 是自变量,y 是因变量
predicted = model.predict(X_new)                #对新样本进行预测
```

【例 12-1】 已知 10 组平面坐标，分别是(1,2)、(2,5)、(3,4)、(4,5)、(5,8)、(10,13)、(11,10)、(12,11)、(13,15)、(15,14)，当在横坐标 7 的位置出现一个新的点，请预测其纵坐标的值，预测点用菱形标出，如图 12-2 所示。代码如下：

```
from sklearn import linear_model              #导入回归算法模型
import numpy as np
import matplotlib.pyplot as plt
dataSet = np.array([[1,2],[2,5],[3,4],[4,5],[5,8],[10,13],[11,10],[12,11],[13,15],[15,14]])
                                               #平面坐标赋值
#以下为回归
X = dataSet[:,0].reshape(-1,1)                 #为自变量 X 赋值
y = dataSet[:,1]                               #为因变量 y 赋值
```

```
linear = linear_model.LinearRegression()          #建立回归模型
linear.fit(X,y)                                    #将自变量与因变量提供给回归模型
X_new = np.array([[7]])                            #增加新的点
#以下为绘图
plt.figure(facecolor = 'w')                        #创建新绘图
plt.axis([0,16,0,16])
plt.scatter(X,y,color = 'black')                   #绘制所有点
plt.plot(X,linear.predict(X),color = 'blue',linewidth = 3)   #绘制线条颜色与宽度
plt.plot(X_new,linear.predict(X_new),'Dr',markersize = 17)   #绘制预测点
plt.show()
```

图 12-2　线性回归预测效果

12.2.2　逻辑回归算法

逻辑回归常用于数据挖掘、疾病自动诊断、经济预测等领域。例如,通过逻辑回归分析,可以了解引发某种疾病的危险因素或根据危险因素预测一个人患这种疾病的可能性等。逻辑回归是在线性回归的基础上,增加一个转化函数 Sigmoid,将预测值映射到[0,1]上,以 0.5 为分界线,从而达到分类的目的,Sigmoid 函数定义如下:

$$S(t) = \frac{1}{1+e^{-t}} \tag{12-1}$$

逻辑回归也被称为广义线性回归模型,它与线性回归模型的形式基本上相同,都具有 ax+b,其中 a 和 b 是待求参数。线性回归直接将 ax+b 作为因变量,即 y=ax+b,而逻辑回归则通过函数 Sigmoid 将 ax+b 转为 p=S(ax+b),将式(12-1)中的 t 换成 ax+b,可以得到逻辑回归模型的参数形式如下:

$$p(x;a,b) = \frac{1}{1+e^{-(ax+b)}}$$

Sigmoid 函数如图 12-3 所示。

通过函数 Sigmoid 可将输出值限制在区间[0,1]上。

图 12-3　Sigmoid 函数图像

若有测试点 x,则用 Sigmoid 函数计算出的结果 y 就可以作为测试点 x 属于类别 1 的概率大小。设定阈值,通常是 0.5。当 y>0.5 时,就将 x 归到类别 1,如果 y<0.5 就将 x 归到类别 0。阈值可以调整,比如,将阈值设为 0.9,就是说有超过 90% 的把握,x 才属于类别 1。

【例 12-2】 采用 scikit-learn 库中的 linear_model.LogisticRegression 函数实现逻辑回归,通过用户三围数据对其性别进行判断。三围标准计算公式如下。男性三围:胸围=身高×0.61;腰围=身高×0.42;臀围=身高×0.64。女性三围是胸围=身高×0.535;腰围=身高×0.365;臀围=身高×0.565。以下程序中模拟生产男性、女性三围数据作为训练集,然后对 testData 中输入的三围数据进行预测。程序代码如下:

```
from random import randint
from numpy import array
from sklearn.linear_model import LogisticRegression
#模拟生成男性三围数据
male = []
for _ in range(200):
    height = randint(160,200)/100
    male.append(((height * 61 + randint(0,10) - 5),
                 (height * 42 + randint(0,6) - 3),
                 (height * 64 + randint(0,12) - 6)))
#模拟生成女性三围数据
female = []
for _ in range(200):
    height = randint(150,175)/1000
    female.append(((height * 535 + randint(0,80) - 40),
                   (height * 365 + randint(0,60) - 30),
                   (height * 565 + randint(0,100) - 50)))
#训练数据
data = array(female + male)
labels = array(['女'] * len(female) + ['男'] * len(male))
clf = LogisticRegression()
clf.fit(data,labels)
#预测,对未知数据进行分类
testData = [(120,97,106)]
print(clf.predict(testData))
```

在 testData 中输入三围数据为"120,97,106",预测结果如下:

```
['男']
```

12.2.3 K-means 聚类

聚类(Cluster Analysis)是一个将数据集划分为若干组或类的过程。将一组物理的或抽象的对象,根据它们之间的相似程度,分为若干组,其中相似的对象构成一组,这一过程称为聚类过程。聚类分析适用于很多类型的数据集合,如工程、生物、医药、语言、人类学、心理学和市场学等领域的数据。

K-means 以距离值的平均值对聚类成员进行分配,如果一个对象属于一个聚类,则该数据一定比较靠近聚类的中心。

scikit-learn 库中的 cluster.KMeans 函数最主要参数是 n_clusters，即 K 值，一般需要多试一些值以获得较好的聚类效果。

K-Means 聚类使用方法如下：

```
from sklearn.cluster import K-Means
model = K-Means()                    # 创建 K-Means 模型
model.fit(Data)                      # 为聚类模型提供数据集 Data
```

【例 12-3】 本案例中，采用 K-Means 方法实现对 10 组平面坐标数据进行聚类。现有 10 组平面坐标，分别是：(1,3)、(2,2)、(3,4)、(3,5)、(5,6)、(8,9)、(11,9)、(11,10)、(13,15)、(15,14)，请使用 K-Means 聚类将其分为两类，并绘制聚类效果图，如图 12-4 所示。代码如下：

```
from sklearn.cluster import K-Means         # 导入 K-Means 算法模型
import numpy as np
import matplotlib.pyplot as plt
dataSet = np.array([[1,3],[2,2],[3,4],[3,5],[5,6],[8,9],[11,9],[11,10],[13,15],[15,14]])
# 以下为聚类
km = K-Means(n_clusters = 2)                # 建立聚类模型,聚类为 2 类
km.fit(dataSet)                             # 将数据集提供给聚类模型
# 以下为绘图
plt.figure(facecolor = 'w')
plt.axis([0,16,0,16])
mark = ['or','ob']                          # 指定两种颜色
for i in range(dataSet.shape[0]):
        plt.plot(dataSet[i,0],dataSet[i,1],mark[km.labels_[i]])
plt.show()
```

图 12-4 聚类效果

12.2.4 KNN 算法

K 近邻（K-Nearest Neighbor，KNN）算法，是一个理论上比较成熟的方法，也是较为简单的机器学习算法之一。该方法的基本思想是：给定一个训练数据集，对于一个新输入的

实例,在训练数据集中找到与该实例最邻近(即特征空间中最相似)的 K 个实例,如果这 K 个实例大多数属于某一个类别,则该输入实例也被判定为这个类别。

如图 12-5 所示,圆形是待分类的点,要判定它属于哪一类,是三角形还是正方形?

如果 K=5,则圆形最近的 5 个邻居是 3 个三角形和 2 个正方形,少数从属于多数,基于统计的方法,判定圆形这个待分类的点属于三角形一类。

如果 K=8,则圆点的最近的 8 个邻居是 3 个三角形和 5 个正方形,仍然少数从属于多数,基于统计的方法,判定圆形这个待分类的点属于正方形一类。

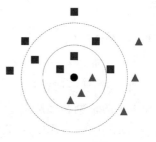

图 12-5　KNN 实例

由此可见,当无法判定当前待分类点是从属于已知分类中的哪一类时,可以依据统计学的理论看它所处的位置特征,衡量它周围邻居的权重,而把它归为(或分配)到权重更大的那一类。这就是 K 近邻算法的核心思想。

KNN 分类使用方法如下:

```
from sklearn.neighbors import KNeighborsClassifier
model = KNeighborsClassifier()              # 创建 KNN 模型
model.fit(Data)                             # 为聚类模型提供数据集 Data
```

【例 12-4】 本案例中,采用 KNN 方法实现对鸢尾花数据集进行分类。使用 sklearn 自带的鸢尾花数据集,该鸢尾花数据集的标签为 3 类:Iris-setosa、Iris-versicolor、Iris-virginica。neighbors.KNeighborsClassifier 函数最主要的参数是 n_clusters,即 K 值,默认为 5。代码如下:

```
import numpy as np
from sklearn import datasets                                  # 从 sklearn 自带数据库中加载鸢尾花数据
from sklearn.model_selection import train_test_split          # 引入 train_test_split 函数
from sklearn.neighbors import KNeighborsClassifier            # 引入 KNN 分类器

iris = datasets.load_iris()                                   # 将鸢尾花数据存在 iris 中
iris_X = iris.data                                            # 指定训练数据 iris_X
iris_y = iris.target                                          # 指定训练目标 iris_y

# 使用 train_test_split()函数将数据集分成用于训练的训练集和用于测试的测试集,比例为 8:2.
X_train,X_test,y_train,y_test = train_test_split(iris_X,iris_y,test_size = 0.2)

knn = KNeighborsClassifier()                                  # 调用 KNN 分类器
knn.fit(X_train,y_train)                                      # 训练 KNN 分类器
print("预测值:")
print(knn.predict(X_test))                                    # 预测值
print("真实值:")
```

输出结果如下(由于训练集和测试集随机划分,所以每次运行结果会不一样):

```
预测值:
[2 2 0 2 2 0 0 2 2 0 1 1 1 0 2 0 1 1 0 1 1 2 1 2 2 0 0 1 1 1]
```

真实值:
[2 2 0 2 2 0 0 2 2 0 1 1 1 1 0 2 0 1 1 0 1 1 2 1 2 2 0 0 1 1 1]

12.2.5 SVM 算法

支持向量机(Support Vector Machine,SVM)主要用于小样本下的二分类、多分类以及回归分析,是一种有监督学习的算法。其基本思想是寻找一个超平面来对样本进行分割,把样本中的正例和反例用超平面分开,其原则是使正例和反例之间的间隔最大。

scikit-learn 库中的 SVM 的算法库分为两类:一类是分类的算法库,包括 SVC、NuSVC 和 LinearSVC 3 类;另一类是回归算法库,包括 SVR、NuSVR 和 LinearSVR 3 类。对于 SVC、NuSVC 和 LinearSVC 3 类,SVC 和 NuSVC 类似,区别仅仅在于对损失的度量方式不同,而 LinearSVC 从名字就可以看出,它是线性分类,即不支持各种低维到高维的核函数,仅仅支持线性核函数,对线性不可分的数据不能使用。同样的,对于 SVR、NuSVR 和 LinearSVR 3 个回归的类,SVR 和 NuSVR 类似,区别也仅仅在于对损失的度量方式不同。LinearSVR 是线性回归,只能使用线性核函数。当使用这些类的时候,如果有经验知道数据是线性可以拟合的,那么使用 LinearSVC 去分类或者回归时,不需要慢慢地调参去选择各种核函数以及对应参数,速度也快。如果对数据分布没有经验,则一般使用 SVC 去分类或者回归,这就需要选择核函数以及对核函数调参。什么特殊场景需要使用 NuSVC 分类和 NuSVR 回归呢? 如果对训练集训练的错误率或者说支持向量的百分比有要求时,可以选择 NuSVC 分类和 NuSVR。它们有一个参数来控制这个百分比。

使用 SVM 的一般步骤为:
(1) 读取数据,将原始数据转化为 SVM 算法软件或包所能识别的数据格式;
(2) 将数据标准化(防止样本中不同特征数值大小相差较大影响分类器性能);
(3) 选择核函数,在不清楚何种核函数最佳时,推荐尝试 RBF;
(4) 利用交叉验证网格搜索寻找最优参数(C,γ)(交叉验证防止过拟合,再利用网格搜索在指定范围内寻找最优参数);
(5) 使用最优参数来训练模型;
(6) 测试得到的模型。

【例 12-5】 下面给出线性可分的一个例子,我们随机生成训练样本进行训练,并绘图便于查看训练结果,代码如下,分类效果如图 12-6 所示。

```
import numpy as np
import pylab as pl
from sklearn import svm

# 每次随机数据相同
np.random.seed(0)
x = np.r_[np.random.randn(20, 2) - [2,2], np.random.randn(20,2) + [2,2]]
y = [0] * 20 + [1] * 20

clf = svm.SVC(kernel = 'linear')
```

```python
clf.fit(x, y)

w = clf.coef_[0]
a = - w[0] / w[1]
xx = np.linspace(-5, 5)
#所求最大间隔分界线
yy = a * xx - (clf.intercept_[0] / w[1])
#最大间隔下面的线
b = clf.support_vectors_[0]
yy_down = a * xx + (b[1] - a * b[0])
#最大间隔上面的线
b = clf.support_vectors_[-1]
yy_up = a * xx + (b[1] - a * b[0])
#打印出参数
print ("w: ", w)
print ("a: ", a)
print ("support_vectors_: ", clf.support_vectors_)
print ("clf.coef_: ", clf.coef_)
pl.plot(xx, yy, 'k-')
pl.plot(xx, yy_down, 'k--')
pl.plot(xx, yy_up, 'k--')
#把支持向量圈起来
pl.scatter(clf.support_vectors_[:, 0], clf.support_vectors_[:, 1], s = 80, facecolors = 'none')
#画出各个点
pl.scatter(x[:, 0], x[:, 1], c = y, cmap = pl.cm.Paired)
pl.axis('tight')
pl.show()
plt.scatter(X[:, 0], X[:, 1], c = y, cmap = plt.cm.Paired)
plt.xlabel('Sepal length')
plt.ylabel('Sepal width')
#限制x的取值范围,便于显示
plt.xlim(xx.min(), xx.max())
plt.title('LinearSVC test result')
plt.show()
```

图 12-6　分类效果

本 章 小 结

本章主要介绍了 Python 的开源机器学习模块 scikit-learn 使用方法,该模块(简称 sklearn)能够为用户提供如分类、回归、聚类等各种机器学习算法接口。本章介绍了线性回归算法、逻辑回归算法、K-Means 聚类算法、KNN 近邻算法、SVM 算法,以及应用实例,通过对本章的学习,读者能够对 Python 机器学习有关内容有一定的了解和掌握,为后续的深入学习打下良好的理论基础。

第 13 章　Python 与 XML

导学

XML 指可扩展标记语言(eXtensible Markup Language)是标准通用标记语言的子集。XML 是各种应用程序之间进行数据传输的最常用的工具,并且在信息存储和描述领域变得越来越流行。Python 是一种面向对象的解释型程序设计语言。在使用 XML 文件中的数据时需要对文件中的数据进行解析,而 Python 中包含了对 XML 很好的支持。本章通过具体实例介绍 Python 语言解析 XML 的方法。

了解:XML 的概念,Python 解析 XML 的常用方法的优缺点。

掌握:SAX 解析 XML 方法与 DOM 解析 XML 方法。

XML 是一种数据描述语言。尽管它是语言,但通常情况下,XML 并不具备常见语言的基本功能——即被计算机识别并运行。只有依靠另一种语言对其进行解释,才能使其在计算机上运行。Python 的标准库中提供了 2 个处理 XML 的模块,可以对 XML 进行解析。

13.1　XML 概述

XML 是一种简单的数据存储语言,已经成为当前许多新生技术的核心,在信息存储和描述领域变得越来越流行。它是 Web 发展到一定阶段的必然产物,既有 HTML(超文本标记语言)的简单特性,又有明确和结构良好等许多新的特性。XML 使用一种简单可读的标签和通用的语法来标记文档数据。这些标记可以用方便的方式建立,易于掌握和使用。下面以 patients.xml 文档为例,进行介绍。

```
<?xml version = "1.0" encoding = "utf-8"?>     <!-- 文件序言 -->
<patients>                                      <!-- 根元素 -->
<patient patino = "20190101">                   <!-- 元素 patient 以及元素属性 -->
    <name>刘静</name>                           <!-- 元素 name -->
    <sex>女</sex>                               <!-- 元素 sex -->
    <dept>内科</dept>                           <!-- 元素 dept -->
</patient>                                      <!-- 元素结束标签 -->
<patient patino = "20190102">                   <!-- 元素 patient 以及元素属性 -->
    <name>王小雨</name>                         <!-- 元素 name -->
    <sex>男</sex>                               <!-- 元素 sex -->
    <dept>外科</dept>                           <!-- 元素 dept -->
</patient>                                      <!-- 元素结束标签 -->
</patients>                                     <!-- 元素结束标签 -->
```

文档的第一行是序言。Version 指明了文档符合 XML 1.0 规范。encoding 是文档字符编码，如 UTF-8 或者 GB2312。

文档的主体部分从<patients>开始到</patients>结束。<patients>称为根元素，它包括文档中其他所有元素。根元素的起始标签<patients>要放在所有其他元素的起始标签之前，根元素的结束标签</patients>要放在所有其他元素的结束标签之后。<patient>是直属于根元素下的子元素。在<patient>下又有<name>、<sex>、<dept>这些子元素。patino 是<patient>元素的一个属性，20190101 是属性值。

13.2 Python 使用 SAX 解析 XML

13.2.1 SAX 简介

SAX，全称 Simple API for XML，是一种以事件驱动的 XML 编程接口，解析 XML 常用的还有 DOM 解析，SAX 与 DOM 不同的是它边扫描边解析，自顶向下依次解析。SAX 解析 XML 具有速度快，占用内存少的优点，对于 Android 等 CPU 资源宝贵的移动平台来说是一个巨大的优势。

1) SAX 的优点

① 解析速度快。

② 占用内存少。

2) SAX 的缺点

① 仅仅知道当前解析元素的名字和属性，却无法知道当前解析元素的上层元素，及其嵌套结构。

② 只能读取 XML，无法修改 XML。

③ 无法随机访问某个元素。

13.2.2 使用 SAX 解析 XML 文件的方法

SAX 采用事件驱动模式，通过数据流的方式来读取文档。当读取部分内容时就会对文档进行解析，并产生相应的事件。利用 SAX 解析 XML 文档涉及两个部分：解析器和事件处理器。解析器负责读取 XML 文档，并向事件处理器发送事件，如元素开始和元素结束事件。而事件处理器则负责对事件做出相应的处理。在 Python 中使用 SAX 方式处理 XML 要先引入 xml.sax.handler 中的 ContentHandler 类还有 xml.sax 中的 parse()函数。

1. ContentHandler 类方法介绍

ContenHandler 会在系统读取文档特定内容的时候触发。在 ContenHandler 基类中包含以下常用的方法：

（1）characters(content)方法。

遇到字符数据时调用。

（2）startElement(name, attrs)方法。

遇到元素的起始标签时调用，name 是标签的名字，attrs 是元素的属性值。

（3）endElement(name)方法。

遇到元素的结束标签时调用。

2. 创建一个 SAX 解析器并解析 XML 文档

```
xml.sax.parse( xmlfile, contenthandler())
```

13.2.3 使用 SAX 读取 XML 文件的实例

【例 13-1】 使用 SAX 解析 patients.xml 文件的程序如下：

```python
from xml.sax.handler import ContentHandler
from xml.sax import parse
#创建一个自己的 handler 类,继承 xml.sax 的 ContentHandler 类
class patientHandler(ContentHandler):
    def __init__(self):
        self.CurrentData = ""
        self.name = ""
        self.sex = ""
        self.dept = ""
    #遇到元素开始标签时调用,tag 是标签的名字,attributes 是元素的属性值
    def startElement(self, tag, attributes):
        self.CurrentData = tag
        if tag == "patient":
            print ("patient")                    #打印 patient 标签
            patino = attributes["patino"]
            print ("patino:", patino)            #打印 patino 属性
    #内容事件处理,遇到字符数据时调用,content 为元素中的字符内容
    def characters(self, content):
        if self.CurrentData == "name":
            self.name = content                  #获取 name 元素中的内容
        elif self.CurrentData == "sex":
            self.sex = content                   #获取 sex 元素中的内容
        elif self.CurrentData == "dept":
            self.dept = content                  #获取 dept 元素中的内容
    #遇到元素的结束标签时调用,tag 是标签的名字
    def endElement(self, tag):
        if self.CurrentData == "name":
            print ("name:", self.name)           #打印 name 以及元素中的内容
        elif self.CurrentData == "sex":
            print ("sex:", self.sex)             #打印 sex 以及元素中的内容
        elif self.CurrentData == "dept":
            print ("dept:", self.dept)           #打印 dept 以及元素中的内容
        self.CurrentData = ""
#解析 XML 文件
parse("e:\\test\\patients.xml",patientHandler())
```

程序的运行结果为：

```
patient
patino: 20190101
```

```
name: 刘静
sex: 女
dept: 内科
patient
patino: 20190102
name: 王小雨
sex: 男
dept: 外科
```

13.3 Python 使用 DOM 解析 XML

文件对象模型(Document Object Model,DOM)是 W3C 组织推荐的处理可扩展标志语言的标准编程接口。一个 DOM 的解析器在解析一个 XML 文档时,一次性读取整个文档,把文档中所有元素保存在内存中的一个树结构里,之后可以利用 DOM 提供的不同函数来读取或修改文档的内容和结构,也可以把修改过的内容写入 XML 文件。

13.3.1 DOM 简介

DOM,全称为 Document Object Model,是把整个 XML 文档当成一个对象来处理的,会先把整个文档读入到内存里,构造 DOM 树,然后才能开始工作。

1) DOM 的优点

(1) 能保证 XML 文档正确的语法和格式。

(2) 树在内存中是持久的,因此可以对 XML 文档进行修改。

(3) 可实现对 XML 文档的随机访问。

(4) 整个文档树都在内存当中,便于操作。

2) DOM 的缺点

(1) 整个文档必须一次性解析完。

(2) 由于整个文档都需要载入内存,对于大的文档解析和加载很耗资源。

13.3.2 使用 DOM 读取 XML 文件

1. 得到 DOM 对象

```
dom = xml.dom.minidom.parse(xmlfile)
```

导入 xml.dom.minidom 模块生成 dom 对象。

2. 获取根结点

```
root = dom.documentElement
```

得到文档的根对象。

3. 访问子结点

```
node = root.getElementsByTagName(nodeName)
```

可以通过 getElementsByTagName（ ）方法和 childNodes 属性找到要处理的元素。getElementsByTagName()可以搜索当前元素的所有子元素，包括有层次的子元素。

4. 结点属性

每个结点都有 nodeName、nodeValue、nodeType 属性，nodeName 是结点名，nodeValue 是结点值，nodeType 是结点类型。

5. 遍历 childNodes，打印所有元素的标签名

```
For node in root.childNodes:
    If node.nodeType == node.ELEMENT_NODE:
        print(node.nodeName)
```

childNodes 只保存了当前元素的第一层子结点。因此，可以用循环的方式遍历 childNodes 进而访问每一个结点，并通过 nodeType 判断它的结点类型。

6. 打印文本结点

```
for node1 in node.childNodes:
    if node1.nodeType == node1.TEXT_NODE:
        print(node1.data)
```

对于文本结点，获取其本内容可以使用.data 属性。

7. 实例

【例 13-2】 使用 DOM 读取 patients.xml 的程序如下：

```
from xml.dom import minidom
def patiInfo():
    info = minidom.parse("e:\\test\\patients.xml")       # 得到 DOM 对象
    root = info.documentElement                          # 获取根元素<patients>
    patient = root.getElementsByTagName("patient")       # 获取子元素
    for p in patient:
        print (p.nodeName)                               # 输出元素名
        for item in p.childNodes:                        # 输出子元素
            if item.nodeType == info.ELEMENT_NODE:
                print (item.nodeName,end = ":")
                for node in item.childNodes:             # 访问子元素
                    if node.nodeType == info.TEXT_NODE:
                        print(node.data)                 # 输出文本结点
patiInfo()
```

程序运行的结果为：

```
patient
name:刘静
sex:女
patient
name:王小雨
sex:男
dept:外科
```

13.3.3 使用 DOM 添加结点

1. 元素结点的生成

```
node = info.createElement(nodeName)
```

2. 元素结点的添加

```
node.appendChild(childNode)
```

生成的元素结点是一个空元素,需要使用 appendChild() 或 insertBefor() 方法添加文本或者其他元素。

3. 文本结点的生成

```
node = info.createTextNode(nodeValue)
```

4. 为元素添加属性

```
node.setAttribute(attributeName,attributeValue)
```

5. 使用 DOM 添加新结点的步骤如下

(1) 从 XML 文档中得到 DOM 对象。
(2) 在原始文档中定位新结点的父结点。
(3) 创建新结点。
(4) 把新结点添加到父结点中。

6. 实例

【例 13-3】 使用 DOM 为 patients.xml 添加 patient 元素,其中 patient 属性为 patino="20190103",name 子元素为"李铁钢",sex 子元素为"男",dept 子元素为"内科"。其程序如下:

```
from xml.dom import minidom
def addPatiInfo():
    info = minidom.parse("e:\\test\\patients.xml")     #得到 DOM 对象
    root = info.documentElement                         #获取根元素<patients>
    patient = info.createElement("patient")             #创建<patient>结点
    patient.setAttribute("patino","20190103")           #为<patient>添加属性
    name = info.createElement("name")                   #创建<name>结点
    text = info.createTextNode("李铁钢")                 #生成文本结点
    #将文本结点添加到<name>结点中
    name.appendChild(text)
    sex = info.createElement("sex")                     #创建<sex>结点
    text = info.createTextNode("男")                    #生成文本结点
    #将文本结点添加到<sex>结点中
    sex.appendChild(text)
    dept = info.createElement("dept")                   #创建<dept>结点
    text = info.createTextNode("内科")                   #生成文本结点
```

```
        #将文本结点添加到<dept>结点中
        dept.appendChild(text)
        #将<name>结点添加到<patient>结点中
        patient.appendChild(name)
        #将<sex>结点添加到<patient>结点中
        patient.appendChild(sex)
        #将<dept>结点添加到<patient>结点中
        patient.appendChild(dept)
        #将<patient>结点添加到<patients>结点中
        root.appendChild(patient)
        print(root.toxml())                            #使用toxml()实现xml输出
addPatiInfo()
```

程序的运行结果为:

```
<patients>
<patient patino = "20190101">
    <name>刘静</name>
    <sex>女</sex>
    <dept>内科</dept>
</patient>
<patient patino = "20190102">
    <name>王小雨</name>
    <sex>男</sex>
    <dept>外科</dept>
</patient>
<patient patino = "20190103"><name>李铁钢</name><sex>男</sex><dept>内科</dept>
</patient></patients>
```

13.3.4 使用 DOM 修改、删除结点

1. 元素结点的删除

```
node.removeChild(ChildNode)
```

从 node 中删除子元素 ChildNode。

2. 元素结点的替换

```
node.replaceChild(newNode,oldNode)
```

将 oldNode 结点替换成 newNode 结点。

3. 使用 DOM 修改或删除结点的步骤如下

(1) 从 XML 文档中得到 DOM 对象。

(2) 在原始文档中定位要操作的结点以及它的父结点。

(3) 通过调用<父结点>.replaceChild()方法替换结点来修改结点的值,也可以通过调用 <结点>.setAttribute()方法来修改属性的值。

(4) 通过<父结点>.removeChild()方法来删除结点。

4. 实例

【例 13-4】 对 patients.xml 文件做修改,将王小雨改成王大雨并删除第 1 个<patient>元素。程序如下:

```python
from xml.dom import minidom
def modiPatiInfo():
    info = minidom.parse("e:\\test\\patients.xml")   # 得到 DOM 对象
    root = info.documentElement                       # 获取根元素<patients>
    item = info.getElementsByTagName("patient")       # 获取所有<patient>结点
    pati = item[1]                                    # 取第二个<patient>结点
    oldnode = pati.getElementsByTagName('name')[0]    # 取<name>结点
    newnode = info.createElement("name")              # 创建新<name>结点
    text = info.createTextNode("王大雨")              # 创建文本结点
    #将文本结点添加到新创建的<name>结点中
    newnode.appendChild(text)
    pati.replaceChild(newnode,oldnode)                # 用新结点替换旧结点
    root.removeChild(item[0])                         # 删除第一个<patient>结点
    print (root.toxml())                              # 使用 toxml()实现 xml 输出
modiPatiInfo()
```

程序的运行结果为:

```
<patients>

<patient patino = "20190102">
    <name>王大雨</name>
    <sex>男</sex>
    <dept>外科</dept>
</patient>
</patients>
```

本 章 小 结

本章主要讲解了如何使用 Python 语言对 XML 进行解析,首先介绍了 XML 的概念,接下来介绍了 Python 解析 XML 文件的两种方式,并通过实例详细介绍了 Python 使用 SAX 解析 XML 以及 Python 使用 DOM 解析 XML 的方法。通过对本章的学习,读者能够掌握 Python 对 XML 文件的解析方法,并可以对 XML 文件的结点进行修改和删除。

参 考 文 献

[1] 娄岩.二级 Python 编程指南[M].北京:清华大学出版社,2019.
[2] 夏敏捷,张西广.Python 程序设计应用教程[M].北京:中国铁道出版社,2018.
[3] 杨长兴.Python 程序设计教程[M].北京:中国铁道出版社,2016.
[4] 何海群.零起点 Python 机器学习快速入门[M].北京:电子工业出版社,2017.
[5] GRAYSON J E.Python 与 Tkinter 编程[M].北京:国防工业出版社,2002.
[6] 春.Python 核心编程[M].3 版.北京:人民邮电出版社,2016.
[7] HETLANDUU M L.Python 基础教程[M].袁国忠,译.3 版.北京:人民邮电出版社,2018.
[8] 刘宇宙.Python 3.5 从零开始学[M].北京:清华大学出版社,2017.
[9] 崔庆才.Python3 网络爬虫开发实战[M].北京:人民邮电出版社,2018.
[10] 唐松,陈智铨.Python 网络爬虫从入门到实践[M].北京:机械工业出版社,2017.
[11] SOLEM J E.Python 计算机视觉编程[M].朱文涛,袁勇,译.北京:人民邮电出版社,2014.
[12] HETLAND M L.Python 基础教程[M].司维,曾军崴,谭颖华,译.2 版.北京:人民邮电出版社,2010.

图书资源支持

感谢您一直以来对清华版图书的支持和爱护。为了配合本书的使用,本书提供配套的资源,有需求的读者请扫描下方的"书圈"微信公众号二维码,在图书专区下载,也可以拨打电话或发送电子邮件咨询。

如果您在使用本书的过程中遇到了什么问题,或者有相关图书出版计划,也请您发邮件告诉我们,以便我们更好地为您服务。

我们的联系方式:

地　　址:北京市海淀区双清路学研大厦 A 座 714

邮　　编:100084

电　　话:010-83470236　010-83470237

客服邮箱:2301891038@qq.com

QQ:2301891038(请写明您的单位和姓名)

资源下载:关注公众号"书圈"下载配套资源。

资源下载、样书申请

书 圈

图书案例

清华计算机学堂

观看课程直播